Nerouz Boubaki
Albane Saintenoy
Piotr Tucholka

Détection de cavités par deux méthodes géophysiques

Nerouz Boubaki
Albane Saintenoy
Piotr Tucholka

Détection de cavités par deux méthodes géophysiques

radar de sol et mesures de résistivités électriques

Presses Académiques Francophones

Impressum / Mentions légales
Bibliografische Information der Deutschen Nationalbibliothek: Die Deutsche Nationalbibliothek verzeichnet diese Publikation in der Deutschen Nationalbibliografie; detaillierte bibliografische Daten sind im Internet über http://dnb.d-nb.de abrufbar.
Alle in diesem Buch genannten Marken und Produktnamen unterliegen warenzeichen-, marken- oder patentrechtlichem Schutz bzw. sind Warenzeichen oder eingetragene Warenzeichen der jeweiligen Inhaber. Die Wiedergabe von Marken, Produktnamen, Gebrauchsnamen, Handelsnamen, Warenbezeichnungen u.s.w. in diesem Werk berechtigt auch ohne besondere Kennzeichnung nicht zu der Annahme, dass solche Namen im Sinne der Warenzeichen- und Markenschutzgesetzgebung als frei zu betrachten wären und daher von jedermann benutzt werden dürften.

Information bibliographique publiée par la Deutsche Nationalbibliothek: La Deutsche Nationalbibliothek inscrit cette publication à la Deutsche Nationalbibliografie; des données bibliographiques détaillées sont disponibles sur internet à l'adresse http://dnb.d-nb.de.
Toutes marques et noms de produits mentionnés dans ce livre demeurent sous la protection des marques, des marques déposées et des brevets, et sont des marques ou des marques déposées de leurs détenteurs respectifs. L'utilisation des marques, noms de produits, noms communs, noms commerciaux, descriptions de produits, etc, même sans qu'ils soient mentionnés de façon particulière dans ce livre ne signifie en aucune façon que ces noms peuvent être utilisés sans restriction à l'égard de la législation pour la protection des marques et des marques déposées et pourraient donc être utilisés par quiconque.

Coverbild / Photo de couverture: www.ingimage.com

Verlag / Editeur:
Presses Académiques Francophones
ist ein Imprint der / est une marque déposée de
OmniScriptum GmbH & Co. KG
Heinrich-Böcking-Str. 6-8, 66121 Saarbrücken, Deutschland / Allemagne
Email: info@presses-academiques.com

Herstellung: siehe letzte Seite /
Impression: voir la dernière page
ISBN: 978-3-8416-2443-7

UNIVERSITÉ PARIS SUD

ÉCOLE DOCTORALE : MIPEGE

Laboratoire IDES (Interaction et Dynamique des Environnements de Surface

DISCIPLINE : GÉOPHYSIQUE

THÈSE DE DOCTORAT

Soutenue le 5 juillet 2013

par

NEROUZ BOUBAKI

Détection de cavités par deux méthodes géophysiques :
radar de sol et mesures de résistivités électriques

Co-directeurs de thèse : PIOTR TUCHOLKA   PR. (UPSUD)

                 MOHAMMED SEFFO   PR. (UNIVERSITÉ D'ALEP, SYRIE)

Co-encadrant de thèse : ALBANE SAINTENOY   MDC (UPSUD)

Composition du jury :

Président du jury :   HERMANN ZEYEN   PR. (UPSUD)

Rapporteurs :   GILLES GRANDJEAN   DR, HDR (BRGM, DRP/RIG)

              FAYCAL REJIBA   MDC, HDR (UPMC)

Examinateur :   AMMAR CHAKER   MDC (UNIVERSITÉ D'ALEP, SYRIE)

Remerciements

Ces travaux de thèse ont été principalement effectués au sein du département des Sciences de la terre, à l'Université Paris Sud.

Je tiens dans un premier temps à adresser mes remerciements les plus vifs à Monsieur Piotr TUCHOLKA, professeur de l'université Paris Sud, et Madame Albane SAINTENOY, maître de conférence de l'université Paris Sud, pour avoir dirigé ces travaux de doctorat, et m'avoir transmis une large partie de leurs connaissances scientifiques, ainsi que de m'avoir souvent apporté des solutions et de précieux conseils judicieux durant ces années de la thèse.

Je suis reconnaissante à Monsieur Mohammed SEFFO, professeur à l'université d'Alep, directeur du département de la génie civile/ Génie de structures, pour son accueil, sa gentillesse et ses précieux conseils.

J'adresse mes remerciements les plus sincères à MM. Gilles GRANDJEAN et Fayçal Rejiba, pour avoir accepté la lourde tâche d'être les rapporteurs de mon mémoire et m'avoir fait l'honneur de participer au jury de ma thèse.

Je remercie également les personnes qui ont participé de près ou de loin à ces travaux, et à toutes les personnes qui m'ont accompagnée et encouragée tout au long de ces années.

Je dédie mon travail à toute personne ayant la conviction que l'effort sincère et honnête est la seule voie vers la réussite et la réalisation de Soi.

Je le dédie également à tous les membres de ma famille et surtout à ma mère qui m'a appris la patience, la détermination et le sens de la compassion et du dévouement ; à l'âme de mon père, sans qui je ne serais pas où j'en suis aujourd'hui... J'ai voulu pendant toute ma vie que tu sois fier de moi, et j'espère de tout mon coeur qu'aujourd'hui tu l'es.

Et enfin, je dédie ce travail surtout à ma toute petite famille, à mon mari Nour, à mon compagnon, à celui qui a cru en mon rêve et qui m'a aidée à le réaliser ; sans ton amour, tes encouragements et ton soutien inconditionnel, je n'aurais jamais pu mener à bien cette thèse, aucune dédicace ne pourra exprimer mon profond amour et respect ; à notre petite adorable Joumana et notre petit coeur Ayham, qui sont la lumière de notre vie, ils ont dû supporter le stress de la thèse de maman bien avant l'âge, que Dieu les garde et les protège.

Résumé

La détection de cavités en milieu urbain est importante pour prévenir différentes causes d'accidents liés à des possibles effondrements. Les cavités sont aussi des cibles d'intérêts pour les archéologues, car les cavités oubliées sont de potentielles sources de matériel révélant des usages passés. Ces cavités sont de tailles différentes, d'origine anthropique ou non, en milieu extérieur ou sous des bâtiments. Leur taille, ainsi que les propriétés physiques du milieu extérieur dans lequel elles se situent, permettent l'utilisation de différentes méthodes géophysiques. Nous nous sommes concentrés sur l'utilisation de deux méthodes géophysiques, le radar de sol et la tomographie par mesures de résistivité électrique, pour localiser et déterminer les cavités métriques à sub-métriques dans le proche sous-sol (6 premiers mètres).

Les mesures de radar de sol sont sensibles aux variations de permittivité diélectrique entre la cavité et le milieu extérieur. Nous montrons par des modélisations numériques un effet sur l'amplitude de l'onde réfléchie en fonction du déport qui permet de discriminer entre une cavité vide et une cavité pleine d'eau. Nous étudions aussi l'amplitude de l'onde réfléchie à incidence normale sur le toit d'une cavité à section carrée en fonction de sa profondeur et de sa taille. Nous mettons en évidence une relation logarithmique profondeur versus taille de cavité pour laquelle l'amplitude de la réfléxion est maximale pour les fréquences de prospection typiques du radar de sol.

Par ailleurs, nous confirmons qu'alors que les mesures radar permettent de déterminer avec précision les dimensions d'une anomalie dans un sous-sol homogène et peu conducteur, les mesures de résistivité électrique permettent elles de déterminer des zones de hautes résistivités à l'emplacement des cavités. Nous couplons ces deux méthodes géophysiques dans deux études de cas, en utilisant la profondeur des interfaces déterminées sur des radargrammes pour contraindre les modèles de résistivité inversés par l'ajout d'information *a priori*.

Abstract

The detection of cavities in urban areas is important to prevent different causes of accidents related to possible collapse. The cavities are also interesting targets to archaeologists because forgotten cavities are potential sources of material revealing past uses. These cavities are of different sizes, of anthropogenic origin or not, in an outdoor setting or under buildings. Their size and the physical properties of the external environment in which they are located, allow the use of different geophysical methods. We focused on the use of two of them, Ground Penetrating Radar (GPR) and Electrical Resistivity Tomography (ERT), to locate and determine cavities in the near subsurface (first 6 meters). GPR data are sensitive to variations in dielectric permittivity between the cavity and the external environment. We show by numerical modelling an effect on the amplitude of the reflected signal depending on the offset which could enable discrimination between an empty cavity and a cavity filled with water. We also study the amplitude of the reflected wave at normal incidence on the roof of a cavity of square cross section in terms of its depth and size. We show a logarithmic relationship between the cavity size and its depth at which the amplitude of the reflection is maximum for frequencies of typical exploration with GPR. Furthermore, we confirm that while GPR data determine accurately the size of an anomaly in homogeneous low conductive medium, ERT helps to determine areas with high resistivity at the location of cavities. We combine these two geophysical methods in two case studies, using the depth of interfaces detected on radargrams as a priori information to constrain the inversion of electrical resistivity models.

Table des matières

Introduction

L'existence de cavités dans le sous-sol est une source potentielle de phénomènes dangereux d'un point de vue environnemental, industriel et constructions urbaines (Richard et al., 2003). Il suffit de regarder les vidéos amateurs montrant l'engloutissement de véhicules ou de parties de bâtiments par des trous apparaissant soudainement à la surface (http ://www.cnn.com/2013/03/03/us/florida-sinkhole) pour se rendre compte de l'importance de la caractérisation de ces trous avant leur effondrement. Il est bien connu que les caractéristiques du sous-sol d'un bâtiment jouent beaucoup sur sa résistance, notamment en cas de tremblement de terre. Des cavités d'origine naturelle (karstique ou effondrement), ou anthropique (galeries minières ou autres) sont présentes dans de nombreuses villes comme Paris, Mexico City, Rome, Naples, New Orleans, Alep,...

À une plus petite échelle, la détermination et caractérisation de fractures dans les pans rocheux intervient pour la surveillance de glissements de terrain ainsi que la détermination de fractures dans les grands ouvrages d'infrastructure (ponts, barrages,...) pour déterminer leur stabilité.

Par ailleurs, il existe dans des anciens bâtiments (châteaux, églises, abbayes ...) des salles souterraines dont l'existence a été oubliée avec le temps. De même, les caveaux de personnes célèbres ont souvent disparu après la révolution française. La localisation de ces cavités sont toujours intéressantes pour les archéologues.

Finalement, l'étude du réseau souterrain du passage de l'eau à l'intérieur des glaciers met aussi la localisation de cavités vides ou contenant de l'eau au centre des préoccupations des hydro-glaciologues (Stuart et al., 2003).

Les campagnes de mesures géophysiques reportées dans la littérature sont nombreuses pour tenter de répondre à ces questions sécuritaires, archéologiques et glaciologiques : mesures gravimétriques (Colley, 1963; Butler, 1984; Hajian et al., 2012), susceptibilité magnétique (Rybakov et al., 2005; Mochales et al., 2008), sismique réflexion et/ou réfraction (Cook, 1965; Donohue et al., 2012; Mari and Mendes, 2012; Grandjean and Leparoux, 2004; Leparoux et al., 2000), radar de sol (Basile et al., 2000; Lorenzo et al., 2002; Hunter et al., 2003; Mochales et al., 2008; Ahmad et al., 2011; Deparis and Garambois, 2008;

Lubowiecka et al., 2009; Solla et al., 2010) et panneaux de résistivité électriques (Smith, 1986; Zhou et al., 2002; Elawadi et al., 2001). Une comparaison de ces différentes méthodes se trouve dans le rapport de Fauchard et al. (2004).

Les capacités de détection des cavités souterraines de chacune de ces méthodes sont limitées par la taille et la profondeur des cavités, et surtout par les propriétés physiques du milieu dans lequel se trouvent ces cavités. Chaque méthode géophysique possède ces limites de détection, différentes en fonction du ou des paramètres physiques concernés et des géométries d'acquisition utilisées. Par exemple, le radar de sol est une méthode à mise en oeuvre rapide, non destructive et utilisable à l'intérieur de bâtiments. Elle donne des informations très haute résolution mais elle est limitée à des milieux peu conducteurs et des cibles peu profondes (dans les premiers 10 m). Les mesures gravimétriques sont sensibles aux dimensions, à la différence de densité et à la profondeur des cavités. Mais la détermination d'un modèle de sous-sol n'est pas toujours unique. Les mesures de résistivité électrique permettent de détecter des anomalies présentant de forts contrastes de résistivité par rapport au milieu ambiant mais avec des problèmes de résolution (Ellis and Oldenburg, 1994).

Une idée est d'utiliser différentes techniques pour caractériser le sous-sol d'un même site. Par exemple, des mesures radar, sismique réfraction et résistivité électrique sont comparées pour la détermination de larges trous de dissolution dans le sous-sols par Dobecki et Upchurch (2006). Des données gravimétriques et de résistivité électrique sont exploitées au dessus d'une grotte dans Kauffmann et al. (2011). El-Qady et al. (2005), ainsi que Elawadi et al. (2006) utilisent des mesures de résistivité électrique et de radar. Les réponses de trois méthodes géophysiques, gravimétrie, magnétisme et radar, au dessus de cavités sont étudiés par Mochales et al. (2008). Dans cette liste non exhaustive d'exemples, les résultats de chaque méthode sont traités séparément puis interprétés conjointement.

Récemment, des routines d'inversion pour prendre en compte des données de type différent sont proposées. Paasche et al (2008) proposent un protocole d'inversion permettant de chercher un modèle optimisant à la fois des temps d'arrivée d'onde sismique P et d'onde radar acquis en transmission, pour détecter des vides inter-briques dans les murs maçonnés. Une autre manière de faire est d'utiliser les informations extraites par une des méthodes comme information *a priori* pour inverser les données de l'autre. Beres et al. (2001) utilise ce moyen pour contraindre les données gravimétriques avec des positions d'interfaces détectées par les radar de sol. De même Orlando et al. (2013) utilisent le positionnement d'une tombe déterminé par mesures radar de surface comme information *a priori* pour l'inversion d'un modèle de résistivité électrique. Cette même procédure est utilisée pour contraindre des tomographies électriques tri-dimensionnelles avec des mesures radar pour la caractérisation d'aquifères (Doetsch et al., 2012; Linde et al., 2006).

Dans cette thèse, nous avons commencé par tester la capacité d'un radar de sol à impulsion

temporelle du commerce pour déterminer la présence de cavités dans le proche sous-sol, à partir de mesures non destructives en surface. Nos questions initiales étaient :
- Y a t-il un moyen d'utiliser l'existence d'un angle critique dans les mesures radar multi-déports pour caractériser la présence de cavités vides ?
- Comment joue la taille de la cavité sur l'amplitude du signal radar obtenu ?
- Avec tous les traitements de données radar maintenant disponibles et rendus facilement applicables par différents logiciels, est-il possible de déterminer la présence d'une cavité qu'à partir de mesures radar non destructives ?

Dans un deuxième temps, nous avons couplé des mesures radar de sol à des mesures de résistivité électrique. Nous utilisons avec succès l'information structurelle du radar de sol comme information *a priori* pour inverser les variations de résistivité électrique du sous-sol dans deux cas différents : des mesures faites au dessus d'une galerie technique et d'autres mesures acquises au dessus d'une salle souterraine.

Dans la première partie de ce manuscrit, nous présentons la méthode radar de sol. Cette partie est divisée en trois chapitres. Le premier chapitre reprend les bases théoriques de la propagation des ondes électromagnétiques, leurs applications à la prospection géophysique par la méthode du radar de sol, et les traitements classiquement effectués sur les données radar. Le deuxième chapitre présente une étude numérique pour déterminer la capacité du radar de sol à détecter des cavités à partir de mesures de surface en se focalisant sur i) l'amplitude de l'onde réfléchie sur le toit de la cavité en fonction du déport et ii) la variation de l'amplitude de cette onde réfléchie à incidence normale sur une cavité à section carrée en fonction de sa taille et de sa profondeur. Le troisième chapitre présente deux applications radar de sol pour la détection de cavités, la première pour déterminer des cryptes dans l'église de Sainte-Mesme, la deuxième pour déterminer des galeries vestiges de l'exploitation du silex au néolithique.

Dans la deuxième partie, nous présentons la méthode dite de tomographie par résistivité électrique et sa complémentarité par rapport aux mesures de radar de sol pour la détection et l'évaluation des dimensions de cavités. Cette complémentarité est illustrée par deux études de cas.

Trois résumés étendus publiés dans des comptes-rendus de conférences internationales sont inclus dans ce manuscrit (Boubaki et al., 2011; Boubaki et al., 2012; Boubaki et al., 2013). Ils sont présentés avec la mise en page en deux colonnes utilisée lors de leur publication. Cependant, par souci d'homogénéité, les références ont été retirées des résumés eux-mêmes et inclus avec les références générales en fin de ce manuscrit.

Première partie

Le radar de sol pour la détection de cavités

Chapitre 1

Présentation du radar de sol

Le radar de sol (appelé aussi géoradar ou radar géologique de surface) est une méthode de prospection géophysique basée sur la propagation des ondes électromagnétiques (EM) de fréquences variant de 1 à 3000 MHz. Les ondes électromagnétiques sont réfléchies ou diffractées aux frontières d'objets qui présentent des différences de propriétés électriques et/ou magnétiques. La permittivité diélectrique, la conductivité électrique et la perméabilité magnétique sont les trois paramètres pétrophysiques qui déterminent la réflectivité de limites de couches et la profondeur de pénétration. Ce chapitre est destiné à rappeler brièvement la théorie de l'électromagnétisme pour comprendre les phénomènes impliqués. D'abord, nous allons définir les trois paramètres pétrophysiques caractérisant le comportement électromagnétique d'un milieu. Puis nous décrirons les équations régissant la propagation et la réflexion des ondes électromagnétiques dans un milieu hétérogène. Nous développerons le cas de la propagation des ondes électromagnétiques appliquée à la méthode du radar de sol. Puis nous introduirons la méthode de simulation numérique de propagation d'ondes électromagnétiques par différences finies en domaine temporel. Ces développements s'appuient sur des manuscrits de thèse sur le géoradar (Leparoux, 1997; Saintenoy, 1998; Lutz, 2002), des livres (Daniels, 2004; Sato, 2009), des chapitres de livres (Blindow et al., 2007; Mari et al., 1998; Moorman, 2002) et différents articles (Knight, 2001; Perez, 2005; Davis and Annan, 1989).

1.1 Notions d'électromagnétisme

1.1.1 Paramètres électromagnétiques

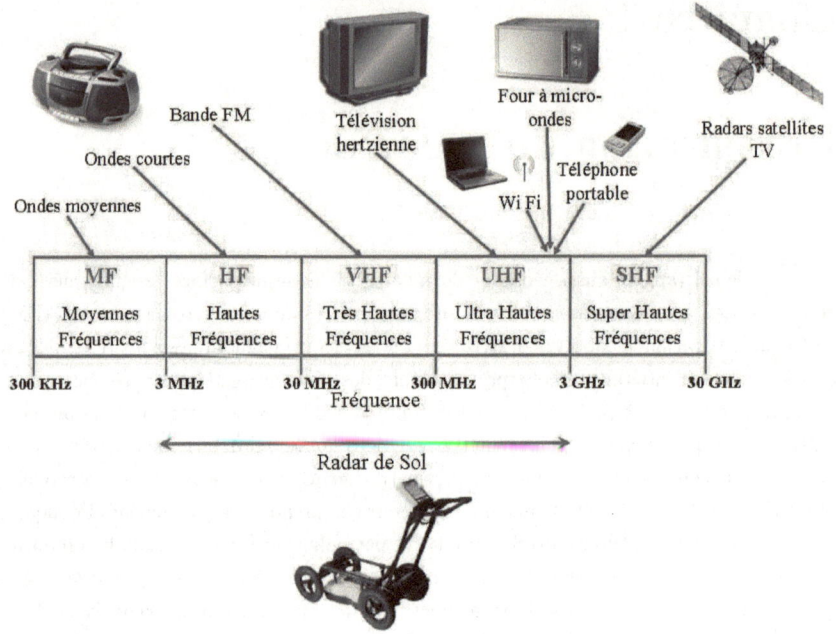

FIGURE 1.1: Ondes électromagnétiques en fonction de leurs fréquences et leur utilisation dans la vie courante.

Les ondes électromagnétiques sont composées de champs électriques et magnétiques qui se propagent dans l'espace et le temps. Ces ondes électromagnétiques sont caractérisées par leur fréquence, qui est mesurée par le nombre de cycles par seconde (Hertz, Hz) des champs électriques et magnétiques (Fig. 1.1).

Les ondes électromagnétiques sont régies par les équations de Maxwell (Maxwell, 1881). Ces quatre équations différentielles couplées fournissent les relations entre le champ électrique, le champ magnétique, le temps t et l'espace. Ces équations utilisent trois paramètres qui rendent compte des propriétés électromagnétiques du milieu qui sont la perméabilité magnétique, la permittivité diélectrique, et la conductivité électrique. Il faut donc connaître ces trois propriétés pour décrire le comportement des champs électromagnétiques.

La perméabilité magnétique

La perméabilité magnétique correspond à l'énergie stockée ou perdue dans le matériau suite aux phénomènes d'induction magnétique. Elle est utilisée pour décrire le comportement électromagnétique de la matière soumise à un champ magnétique. Dans le vide, en absence de sources externes, la relation entre l'induction magnétique $\vec{B}$ et le champ magnétique $\vec{H}$ s'écrit

$$\vec{B} = \mu_0 \vec{H} , \qquad (1.1)$$

avec $\mu_0 = 4\pi 10^{-7} Hm^{-1}$, la perméabilité magnétique du vide.

Or, la grande majorité des matériaux géologiques rencontrés dans la pratique ne réagissent que très faiblement à une excitation magnétique et la perméabilité magnétique relative sera souvent prise égale à 1. Seuls quelques minéraux, tels que la magnétite ou l'hématite ont une susceptibilité magnétique non négligeable. Ces minéraux étant en quantité infime dans les milieux favorables à l'utilisation du géoradar, l'estimation $\mu \approx 1$ est très souvent adoptée. Par ailleurs, nous considérerons dans cette thèse que la perméabilité magnétique est réelle et ne dépend pas de la fréquence.

La permittivité diélectrique

La permittivité diélectrique d'un matériau rend compte de sa capacité à être polarisé sous l'influence d'un champ électrique, ce qui provoque le déplacement relatif de charges liées positives et négatives (Lutz, 2002). Nous utiliserons la notation usuelle en électromagnétisme en définissant la permittivité complexe ε^*, qui prend en compte le déplacement de charges électriques dans sa partie réelle, ε' et la dissipation associée au déplacement des charges et les pertes de conduction dans sa partie imaginaire, ε''. Nous avons

$$\varepsilon^* = \varepsilon' - i\,\varepsilon'' , \qquad (1.2)$$

où ε' est la partie réelle, et ε'' est la partie imaginaire de la permittivité diélectrique avec $i^2 = -1$. Le paramètre ε'' est parfois appelé «facteur de perte». Il se rapporte aux pertes d'énergie responsables de l'atténuation et de la dispersion du signal radar. On définit l'angle de perte, δ, tel que, $\tan\delta = \frac{\varepsilon''}{\varepsilon'}$.

Le paramètre ε_r est le ratio de la permittivité diélectrique du matériau à la permittivité diélectrique du vide ε_0 et peut être exprimé comme

$$\varepsilon_r = \varepsilon^*/\varepsilon_0 = \varepsilon'_r - i\varepsilon''_r \qquad (1.3)$$

avec $\varepsilon_0 = 8,854\ 10^{-12}$ F/m. La partie réelle ε'_r de la permittivité relative est le paramètre le plus couramment utilisé pour décrire la permittivité diélectrique d'un milieu.

La conductivité électrique

La conductivité électrique σ d'un matériau s'exprime en Siemens par mètre (S/m), et décrit le flux de charges électriques pendant le passage d'une onde électromagnétique, et peut grandement affecter la perte d'énergie ou de l'atténuation du signal électromagnétique (Blindow et al., 2007). D'après la loi d'Ohm, les courants de conduction sont reliés au champ électrique dans le cas d'un conducteur linéaire, homogène et isotrope par la relation

$$\overrightarrow{J_c} = \sigma \overrightarrow{E} , \tag{1.4}$$

avec $\overrightarrow{J_c}$, la densité de courant des charges libres (en A/m^2) et $\overrightarrow{E}$, le champ électrique appliqué (en V/m).

Comme la permittivité diélectrique, la conductivité électrique peut être définie par une grandeur complexe

$$\sigma^* = \sigma' + i\,\sigma'', \tag{1.5}$$

où σ' et σ'' sont respectivement la partie réelle et la partie imaginaire de la conductivité électrique. Lorsque l'on considère uniquement les pertes ohmiques (*i.e.* uniquement la partie réelle de la conductivité), on peut écrire que la partie réelle de la conductivité électrique σ' est liée à la partie imaginaire de la permittivité diélectrique ε'' et à la fréquence f par

$$\varepsilon'' = \frac{\sigma'}{\omega}, \tag{1.6}$$

où $\omega = 2\pi f$ est la pulsation du signal.

On considérera dans la suite de ce manuscrit que la conductivité électrique est indépendante de la fréquence.

Les valeurs de la conductivité électrique des matériaux varient sur plusieurs ordres de grandeurs. Ils existent deux facteurs qui augmentent la conductivité électrique. D'une part la quantité de sels présents dans l'eau du matériau, d'autre part la présence d'argile en raison de la structure moléculaire ionique particulière à ces derniers qui ont des niveaux élevés de cations échangeables[1]. Nous reviendrons sur la conductivité électrique dans la deuxième partie de ce manuscrit.

---

1. La forme particulière colloïdale des particules d'argile est aussi à l'origine de dissipation

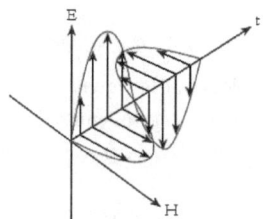

FIGURE 1.2: Propagation des ondes électromagnétiques dans l'espace libre (d'après Daniels, 2004).

1.1.2 Les équations de Maxwell

La propagation des ondes électromagnétiques dans le vide est entièrement décrite par les équations de Maxwell (Maxwell, 1881),

$$
\begin{aligned}
\vec{\nabla} \wedge \vec{E} &= -\frac{\partial \vec{B}}{\partial t} - \vec{J_m} \,, \\
\vec{\nabla} \wedge \vec{H} &= \frac{\partial \vec{D}}{\partial t} + \vec{J_e} \,, \\
\vec{\nabla} \cdot \vec{B} &= 0, \\
\vec{\nabla} \cdot \vec{D} &= q_v,
\end{aligned}
\tag{1.7}
$$

où $\vec{E}$ est le champ électrique en V/m, $\vec{H}$ est le champ magnétique en A/m, $\vec{D}$ est l'induction électrique en C/m^2, $\vec{B}$ est l'induction magnétique en W/m^2, $\vec{J_e}$ est la densité de courant électrique en A/m^2, $\vec{J_m}$ est la densité de courant magnétique en V/m^2, q_v est la densité volumique de charges libres en C/m^3, et t le temps en seconde. Ces équations décrivent les relations entre le champ électrique $\vec{E}$ et le champ magnétique $\vec{H}$ qui sont dans le plan d'onde, perpendiculaires entre eux et à la direction de propagation comme présentés sur la Figure 1.2. Ces équations peuvent être réécrites en supposant un milieu non vide (Jackson, 1975).

Les équations de Maxwell sont couplées et ne peuvent être découplées qu'au détriment d'élever leur ordre en obtenant alors une équation aux dérivées partielles d'ordre 2, appelée l'équation des ondes (Balanis, 1989). En considérant un milieu homogène et isotrope, sans charges libres et amagnétique, les lois de propagation de l'onde s'écrivent sous la forme (Perez, 2005)

$$
\Delta \vec{E} \; - \mu_0 \sigma \frac{\partial \vec{E}}{\partial t} - \mu_0 \varepsilon^* \frac{\partial^2 \vec{E}}{\partial t^2} \; = \; \vec{0}
\tag{1.8}
$$

et

$$
\Delta \vec{H} \; - \mu_0 \sigma \frac{\partial \vec{H}}{\partial t} - \mu_0 \varepsilon^* \frac{\partial^2 \vec{H}}{\partial t^2} \; = \; \vec{0} \,.
\tag{1.9}
$$

Solution harmonique

Des solutions importantes et simples pour les équations de Maxwell sont les ondes harmoniques. Dans un système de coordonnées cartésiennes, l'équation de diffusion-propagation relative au champ électrique $\vec{E} = (E_x, 0, 0)$ avec la propagation dans la direction z s'écrit

$$E_x = E_0 e^{i\omega t - \gamma z} \tag{1.10}$$

où E_0 est l'amplitude de l'onde à l'instant initial $t = 0$ et en $z = 0$ et γ est le facteur de propagation des ondes électromagnétiques. En utilisant la solution harmonique 1.10, l'équation 1.8 devient, l'équation de dispersion :

$$\gamma^2 E_x - i\omega\mu_0\sigma E_x + \omega^2\mu_0\varepsilon^* E_x = 0. \tag{1.11}$$

En écrivant

$$\gamma = \alpha + i\beta, \tag{1.12}$$

il vient alors

$$\alpha = \omega\sqrt{\frac{\mu_0\varepsilon_0\varepsilon_r'}{2}(\sqrt{1 + \tan^2\delta} - 1)} \tag{1.13}$$

et

$$\beta = \omega\sqrt{\frac{\mu_0\varepsilon_0\varepsilon_r'}{2}(\sqrt{1 + \tan^2\delta} + 1)}, \tag{1.14}$$

où l'angle de perte δ est défini comme

$$\tan\delta = \frac{\varepsilon''}{\varepsilon'}. \tag{1.15}$$

Si l'on ne considère que les pertes ohmiques on peut utiliser l'équation 1.6, et l'angle de perte vaut alors

$$\tan\delta = \frac{\sigma}{\omega\varepsilon'}. \tag{1.16}$$

Quand $\tan\delta = 1$, les courants de conduction sont égaux aux courants de déplacement. La propagation de l'onde électromagnétique a lieu pour $\tan\delta < 1$, tandis que pour $\tan\delta > 1$ le processus diffusif domine (c'est le cas des méthodes électromagnétiques basses fréquences, comme la radio-magnéto-tellurie ou les appareils de prospection électromagnétique EM31 ou EM38).

Cas des milieux propices à la propagation

Si le milieu est tel que $\tan\delta \ll 1$, l'équation 1.14 se simplifie en

$$\beta = \omega\sqrt{\mu_0\varepsilon_0\varepsilon_r'}. \tag{1.17}$$

Ce coefficient est par définition inversement proportionnel à la vitesse de propagation de l'onde harmonique de l'équation 1.10. La vitesse s'écrit donc

$$v = \frac{c_0}{\sqrt{\varepsilon_r'}}, \qquad (1.18)$$

avec

$$c_0 = \frac{1}{\sqrt{\mu_0 \varepsilon_0}}, \qquad (1.19)$$

la vitesse de l'onde électromagnétique dans le vide. Cette vitesse est celle de la lumière qui est mesurée à $299792458 \ ms^{-1}$. Nous utiliserons $c_0 = 0,3 \ m/ns$. L'équation 1.18 est très utilisée par les géophysiciens même si en théorie elle n'est valable que pour décrire un milieu homogène, isotrope, sans charges libres, amagnétiques et où la partie imaginaire de la permittivité se résume aux pertes ohmiques.

Nous rappelons que la longueur d'onde se définie comme le rapport de la vitesse de propagation sur la fréquence d'oscillation. Nous aurons donc

$$\lambda = \frac{v}{f}. \qquad (1.20)$$

Par ailleurs, toujours dans le cas où $\tan^2 \delta \ll 1$, l'équation 1.13 se simplifie en

$$\alpha = \frac{\sqrt{\mu_0}\sigma}{2\sqrt{\varepsilon_0 \varepsilon_r}}. \qquad (1.21)$$

En remplaçant avec les valeurs numériques, on obtient

$$\alpha = 188,41\frac{\sigma}{\sqrt{\varepsilon_r}}, \qquad (1.22)$$

où σ est exprimé en S/m et α, le coefficient d'atténuation, est en m^{-1}. On utilise aussi le coefficient d'atténuation en décibel par mètre α_{db} qui vaut alors

$$\alpha_{db} = 1690\frac{\sigma}{\sqrt{\varepsilon_r}}. \qquad (1.23)$$

Propriétés d'une onde électromagnétique en milieu terrestre

Le tableau 1.1 (d'après Davis et Annan (1989)) donne les paramètres électromagnétiques de différents matériaux géologiques usuels mesurés à 100 MHz. Pour un sol à faible perte avec $\varepsilon_r = 9$ nous calculons à partir de l'équation 1.18 que la vitesse dans le sol est un tiers de la vitesse de la lumière, soit $v = 0,1 \ m/ns$. D'après l'équation 1.20, à une fréquence f de 100 MHz (=0,1 GHz) la longueur d'onde dans ce sol sera 1 m.

Dans ce tableau 1.1, on remarque que le milieu naturel avec la plus forte permittivité diélectrique est l'eau. Ainsi, la teneur en eau joue un rôle très important dans la valeur

Matériau	ε_r' [sans dimension]	σ [mS/m]	v [m/ns]	α_{db} [dB/m]
Air	1	0	0.3	0
Eau distillée	80	0.01	0.033	0.002
Eau douce	80	0.5	0.033	0.11
Eau de mer	80	$3\ 10^4$	0.01	1000
Sable sec	3-5	0.01	0.15	0.01
Sable saturé	20-30	0.1-1	0.06	0.03-0.3
Silt	5-30	1-100	0.07	1-100
Argile	5-40	2-1000	0.06	1-300
Calcaire	4-8	0.5-2	0.12	0.4-1
Schiste	5-15	1-100	0.09	1-100
Granite	6	0.01-1	0.13	0.01-1
Sel sec	5-6	0.01-1	0.125	0.01-1
Glace	3-4	0.01	0.168	0.02

TABLE 1.1: Valeur des paramètres électromagnétiques dans quelques milieux terrestres usuels : la permittivité diélectrique relative ε_r, la conductivité électrique σ, la vitesse v et l'atténuation α_{db} d'une onde électromagnétique de fréquence 100 MHz (d'après Davis et Annan, 1989).

de permittivité d'un sable. Elle varie entre 3 et 5 pour cent pour un sable sec et peut monter jusqu'à 30 % pour un sable saturé en eau. Il existe plusieurs relations théoriques et/ou empiriques pour déterminer la permittivité d'un milieu en fonction de sa teneur en eau (Hoekstra and Delaney, 1974; Topp et al., 1980). La forte dépendance de la permittivité avec la teneur en eau est la raison du développement des capteurs de teneur en eau comme les Time Domain Reflectometer (Noborio, 2001; Pettinelli et al., 2002).

Finalement, dans ce tableau 1.1, les milieux présentant le plus grand facteur d'atténuation sont l'eau de mer et l'argile. Ainsi les sols argileux, et les sols salés, peuvent prévenir l'acquisition de données radar lorsque l'atténuation devient telle que la sensibilité du radar est insuffisante pour détecter le signal reçu par rapport au bruit ambiant.

1.1.3   Réflexion, transmission et réfraction à une interface

Dans un milieu naturel, la propagation des ondes électromagnétiques est liée à la perméabilité magnétique μ, la permittivité diélectrique ε et la conductivité électrique σ. Tout contraste d'un de ces trois paramètres peut provoquer une réflexion de l'onde ou une transmission. Soient deux milieux homogènes et isotropes caractérisés respectivement par les paramètres $\mu_1, \varepsilon_1, \sigma_1$ et $\mu_2, \varepsilon_2, \sigma_2$, séparés par une interface plane. L'onde incidente

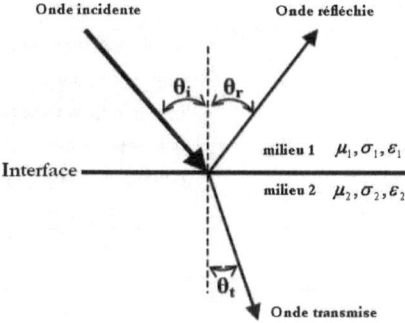

FIGURE 1.3: Schéma représentant les phénomènes de réflexion et de transmission à l'interface entre deux milieux qui représentent des contrastes diélectriques différents.

sur l'interface des deux milieux est réfléchie dans le milieu 1 et transmise dans le milieu 2. Les directions des ondes incidente, réfléchie et transmise sont reliées par les lois de Snell-Descartes :

$$\frac{\sin \theta_i}{v_1} = \frac{\sin \theta_r}{v_1} = \frac{\sin \theta_t}{v_2}, \tag{1.24}$$

où θ_i est l'angle d'incidence, θ_r l'angle de réflexion et θ_t l'angle de transmission, v_1 est la vitesse du milieu 1 et v_2 la vitesse du milieu 2.

Dans un milieu non conducteur et non magnétique, l'indice de réfraction n_{21} est lié à la permittivité par

$$n_{21} = \frac{\sin \theta_i}{\sin \theta_t} = \frac{v_1}{v_2} = \frac{\sqrt{\varepsilon_2}}{\sqrt{\varepsilon_1}}. \tag{1.25}$$

Lorsque la vitesse du milieu 2 est supérieure à celle du milieu 1, il y a un angle critique θ_c pour lequel θ_t vaut 90°. On parle alors de réfraction critique de l'onde. L'onde réfractée se déplace le long de l'interface à la vitesse v_2. Pour tous les cas où l'angle d'incidence $\theta_i > \theta_c$, il y a réflexion totale. La quantité d'énergie radar réfléchie est indiquée par le coefficient de réflexion r, qui est déterminé par le contraste des vitesses des ondes électromagnétiques, et plus fondamentalement, par le contraste de la permittivité diélectrique relative des médias adjacents (Knight, 2001; Sato, 2009). L'application des équations de Maxwell, à l'interface entre deux milieux, couplée à la loi de Snell-Descartes, permet de remonter aux conditions de passage, c'est à dire aux conditions de continuité des champs électriques et magnétiques entre les deux milieux. La polarisation de l'onde incidente joue bien sûr un rôle important dans l'expression de ces coefficients de réflexion. Le plan d'incidence est le plan qui contient le rayon incident et la normale à la surface au point d'incidence.

On distingue deux cas :

de	à	r
Eau ($\varepsilon_r = 80$)	Sédiment saturé en eau ($\varepsilon_r = 50$)	0,12
Sédiment saturé en eau ($\varepsilon_r = 50$)	Sédiment non saturé ($\varepsilon_r = 25$)	0,17
Eau ($\varepsilon_r = 80$)	Sédiment non saturé ($\varepsilon_r = 25$)	0,28
Sédiment non saturé ($\varepsilon_r = 25$)	Roche encaissante ($\varepsilon_r = 8$)	0,28
Eau ($\varepsilon_r = 80$)	Roche encaissante ($\varepsilon_r = 8$)	0,52
Glace ($\varepsilon_r = 3.8$)	Eau ($\varepsilon_r = 80$)	-0,67

TABLE 1.2: Coefficients de réflexion r à incidence verticale en milieu lacustre (d'après Moorman, 2002).

– Transverse Magnétique (TM) : la polarisation du champ magnétique est perpendiculaire au plan d'incidence.
– Transverse Electrique (TE) : la polarisation du champs électrique est perpendiculaire au plan d'incidence.

Le mode TE est le plus utilisé lors d'acquisition radar de sol de surface. Dans ce mode, le coefficient de réflexion r_{TE}, dit de Fresnel, entre deux matériaux diélectriques parfaits (non conducteurs et amagnétiques) vaut

$$r_{TE} = \frac{\sqrt{\varepsilon_1}\cos(\theta_i) - \sqrt{\varepsilon_2}\cos(\theta_t)}{\sqrt{\varepsilon_1}\cos(\theta_i) + \sqrt{\varepsilon_2}\cos(\theta_t)} \ . \tag{1.26}$$

En utilisant la relations de Snell-Descartes, $\sqrt{\varepsilon_1}\sin(\theta_i) = \sqrt{\varepsilon_2}\sin(\theta_t)$, on obtient, l'expression du coefficient de réflexion uniquement en fonction de l'angle d'incidence,

$$r_{TE} = \frac{\sqrt{\varepsilon_1}\cos(\theta_i) - \sqrt{\varepsilon_2}\sqrt{1 - \frac{\varepsilon_1}{\varepsilon_2}\sin^2(\theta_i)}}{\sqrt{\varepsilon_1}\cos(\theta_i) + \sqrt{\varepsilon_2}\sqrt{1 - \frac{\varepsilon_1}{\varepsilon_2}\sin^2(\theta_i)}} \ . \tag{1.27}$$

Ce coefficient pour le cas d'une incidence normale, vaut

$$r = \frac{\sqrt{\varepsilon_1} - \sqrt{\varepsilon_2}}{\sqrt{\varepsilon_1} + \sqrt{\varepsilon_2}}. \tag{1.28}$$

Afin d'avoir un ordre d'idée des valeurs des coefficients de réflexions, nous joignons quelques exemples dans le cas d'un angle d'incidence normale, dans le tableau 1.2, obtenu d'après Moorman (2002).

L'eau a la constante diélectrique la plus élevée (environ 80) et l'air a la plus faible ($\varepsilon_r = 1$). Le tableau 1.1 montre que la plupart des matériaux géologiques ont des valeurs de permittivité diélectrique relative entre 2 et 30. Le coefficient de réflexion maximal est alors de 0.8.

Dans tous les cas, les valeurs d'amplitude de r varient entre -1 et $+1$ et la proportion d'amplitude transmise est égale à $1 - r$. La valeur négative obtenue dans le cas du passage de la glace à de l'eau (dernière ligne du tableau 1.2) signifie une inversion d'amplitude (déphasage de 180°) entre le signal réfléchi et le signal incident. La valeur absolue de 0.67 signifie que 67% de l'amplitude de l'onde incidente sur l'interface est renvoyée vers la surface. La valeur enregistrée à la surface du sol dépendra de ce coefficient de réflexion en plus de l'atténuation liée au paramètre α et à l'atténuation géométrique (cette dernière atténuation étant proportionnelle à l'inverse du carré de la distance). D'ailleurs, ces phénomènes d'atténuation de l'onde lors de sa propagation sont tels que les réflexions multiples sont rapidement indécelables dans les données radar.

Valeurs du coefficient de réflexion dans le cas d'une incidence supérieure ou égale à l'angle critique

Comme introduit dans le début de ce paragraphe, en mode TE, lorsque la permittivité du milieu 2 est inférieure à celle du milieu 1, il existe un angle critique θ_c pour lequel θ_t vaut 90°. Dans le cas où l'on dépasse l'angle critique, nous sommes dans le cas d'une réflexion totale. L'angle est supérieur à l'angle critique, donc on a $\frac{\sqrt{\varepsilon_1}}{\sqrt{\varepsilon_2}} \sin(\theta_i) > 1$. Cette valeur, supérieure à 1, va poser problème dans l'expression de r_{TE} (expression 1.27). La valeur sous la racine sera négative, ce qui aura pour conséquence un coefficient de Fresnel complexe. On l'écrira

$$r_{TE} = \frac{\sqrt{\varepsilon_1}\cos(\theta_i) + i\sqrt{\varepsilon_2}\sqrt{\frac{\varepsilon_1}{\varepsilon_2}\sin^2(\theta_i) - 1}}{\sqrt{\varepsilon_1}\cos(\theta_i) - i\sqrt{\varepsilon_2}\sqrt{\frac{\varepsilon_1}{\varepsilon_2}\sin^2(\theta_i) - 1}} \, , \tag{1.29}$$

que l'on peut réécrire en séparant la partie réelle et imaginaire comme

$$Re(r_{TE}) = \frac{\varepsilon_1\cos(\theta_i) - \varepsilon_2\left(\frac{\varepsilon_1}{\varepsilon_2}\sin^2(\theta_i) - 1\right)}{\varepsilon_1 - \varepsilon_2} = \frac{\varepsilon_1\cos(2\theta_i) + \varepsilon_2}{\varepsilon_1 - \varepsilon_2} \, . \tag{1.30}$$

$$Im(r_{TE}) = \frac{2\varepsilon_1\cos(\theta_i)\sqrt{\varepsilon_1\sin^2(\theta_i) - \varepsilon_2}}{\varepsilon_1 - \varepsilon_2} \, . \tag{1.31}$$

Les expressions (1.30) et (1.31), nous permettent d'obtenir les variations de la partie réelle et imaginaire du coefficient de réflexion, en fonction de l'angle d'incidence. Cet angle d'incidence est lié à la séparation des antennes dans le cas d'un profil multi-déport ainsi qu'à l'épaisseur de la couche de permittivité ε_1.

1.2 Le radar de sol

Le radar de sol est un outil de prospection géophysique basé sur l'émission d'une onde électromagnétique et la réception de l'onde réfléchie, qui porte des informations sur les hétérogénéités du milieu sondé. La première publication parlant du radar de sol est celle de Stern (1929) qui présente des mesures radar pour sonder la profondeur d'un glacier autrichien. À la fin des années 50, un accident d'avion de l'U.S. Air Force au Groënland marque le départ des recherches sur l'imagerie du sous-sol à l'aide de la propagation des ondes électromagnétiques [2]. Entre 1936-1971, 36 brevets sont déposés. En 1967, on envoie sur la lune un système assez similaire à celui proposé par Stern, dans l'expérience Apollo 17 (Simmons, 1974). En 2012, il y a eu plus de 2000 brevets déposés concernant le radar de sol, de nombreux fabriquants, et de nombreuses sociétés de géophysique appliquée proposent des prospections radar de sol.

1.2.1 Principe d'utilisation

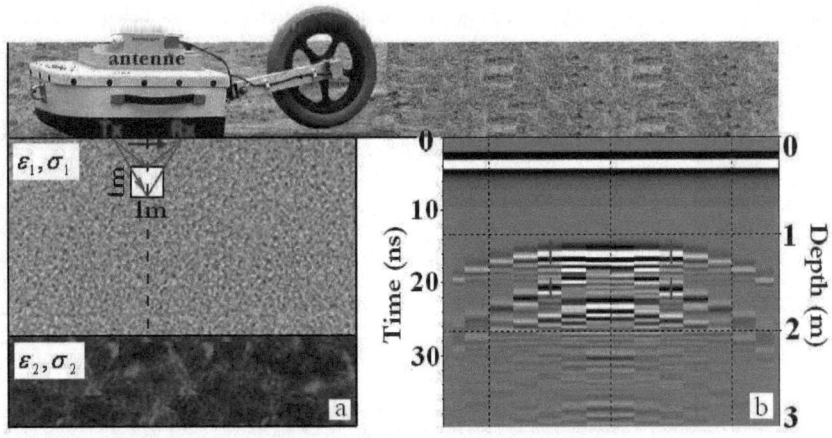

FIGURE 1.4: Principe d'une acquisition radar de sol.

L'Université Paris Sud possède un radar de sol Ramac fabriqué par la société suédoise MALÅ avec des antennes de surface blindées. Cet appareil est montré en utilisation classique sur la Fig. 1.4. La boite contenant une antenne source et une autre réceptrice est traînée sur le sol le long d'une route. L'émetteur génère au niveau de l'antenne source

---

2. L'accident d'avion fut expliqué par une mauvaise interprétation du signal radar de l'avion servant à déterminer son altitude

une impulsion de courant de quelques nanosecondes. Il se crée alors un champ électro-magnétique qui se propage dans le sous-sol et est réfracté, diffracté ou réfléchi par les hétérogénéités qu'il rencontre. L'antenne réceptrice, du même type que l'antenne source mais électriquement et physiquement indépendante de cette dernière, capte l'énergie qui lui revient. Cette énergie est convertie en une nouvelle impulsion de courant qui se trouve amplifiée, échantillonnée et transmise à l'unité de contrôle pour traitement et enregistre-ment en fonction du temps. Chaque enregistrement constitue une «trace». Il s'agit donc des variations de l'amplitude du champ électrique en fonction du temps. La juxtaposition de ces traces les unes à côté des autres constitue un «radargramme». La Figure 1.4 résume le principe d'acquisition d'un profil radar.

Les opérations d'émission des impulsions de courant et d'échantillonnage des signaux sont dirigées par l'unité de contrôle grâce à divers microprocesseurs et horloge de synchroni-sation dont les ordres sont transmis aux antennes par les câbles optiques. L'utilisateur choisit la fréquence centrale de prospection, la fréquence d'échantillonnage des signaux et la durée d'écoute du signal (relié au nombre d'échantillons par trace).

Le pas d'échantillonage étant de l'ordre de 0,1 nanoseconde, les radars à impulsion du commerce ont recours à une astuce pour palier à la «lenteur» de l'électronique. Une trace de 512 échantillons est en fait reconstituée à partir de 512 émissions d'impulsion. La synchronisation entre la source et le récepteur est primordiale pour permettre au système d'enregistrer uniquement la valeur de l'amplitude du champ électrique correspondant à l'échantillon de la trace en cours de constitution. La fréquence de répétition des impulsions est fixe (30 kHz pour le PulseEkko , 50 kHz pour le GSSI et le Ramac).

Un inconvénient du radar impulsionnel est la perte du «temps zéro» (instant d'émission du signal) qui dépend du temps de parcours dans les cables et donc de leur longueur et de leur état. Préalablement à toute acquisition, l'utilisateur doit penser à chercher la fenêtre d'écoute dans laquelle se situe le signal à enregistrer.

Il est également possible d'opérer avec une onde dont la fréquence varie de façon discrète et dont le retour est analysé en termes de phase et d'amplitude. Il s'agit des radars à impulsions synthétiques. Dans ce manuscrit de thèse nous ne parlerons que des systèmes à impulsions temporelles.

D'autres marques de radar de sol existent, notamment le PulseEkko de Sensors et Software et le radar de Geophysical Survey Systems, Inc, abrégé en GSSI. Le radar de sol est un équipement relativement facile à transporter. Un coffre de voiture suffit. Son prix varie de 30 000 euros à 100 000 euros selon les fabricants et le nombre d'antennes d'acquisition proposées. Les antennes peuvent être fabriquées en vue d'utilisation en forage.

Le diagramme de rayonnement des antennes utilisées dépend des propriétés électroma-gnétiques du milieu sur lequel l'antenne est posée. Plus le milieu contient de l'eau, plus l'antenne est directive (l'angle d'émission se ressert). Mais il faut garder en mémoire que les antennes «voient» aussi sur les cotés. Le champ électrique émis est polarisé linéairement. Les antennes sont généralement utilisées parallèles entre elles car c'est la position optimale par rapport à la polarisation des champs. Cependant il peut parfois être utile de changer la direction relative de la source et du récepteur pour diminuer l'intensité d'un signal masquant comme celui résultant de la réverbération dans une couche d'eau proche de la surface (Radzevicius et al., 2000). L'antenne émet aussi dans le plan horizontal, ainsi que dans l'air. C'est pourquoi les radargrammes peuvent montrer des échos sur des objets aériens comme les arbres ou les pylônes. Pour prévenir ces problèmes, les antennes sont parfois blindées par des mousses absorbantes, dans les directions de propagations inutiles[3].

1.2.2   Les chemins des ondes électromagnétiques

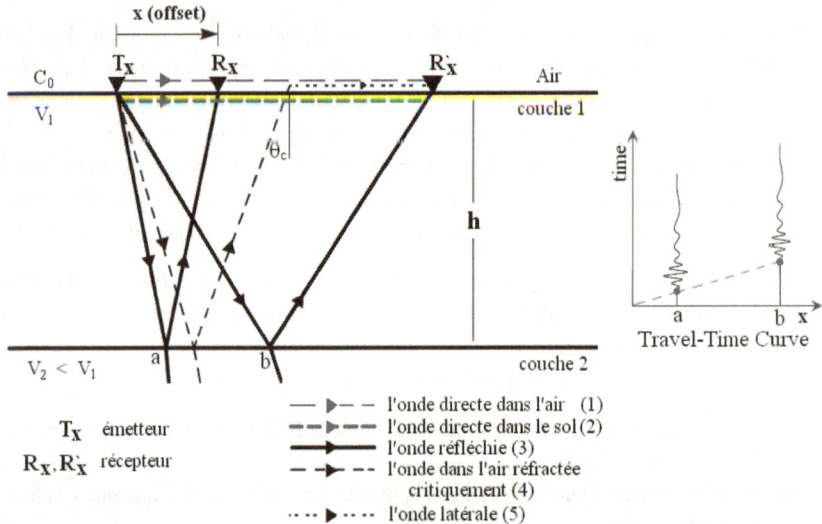

FIGURE 1.5: Représentation de la transmission des ondes dans le modèle d'une interface plane et horizontale entre deux milieux de différentes vitesses. La vitesse du second milieu v_2 est inférieure à celle du milieu supérieur v_1. La courbe des temps de parcours (Travel Time Cuve) montre que le temps d'arrivée de l'onde au point a est inférieur à celui au point b.

---

3. L'épaisseur du blindage dépendant inversement de la fréquence, les blindages ne sont pas possibles pratiquement pour des antennes de basses fréquences.

La propagation des ondes électromagnétiques peut être décrite par une représentation en rais comme en optique et en sismique réflexion. Les différents chemins suivis par ces rais sont décrits sur la Fig. 1.5 pour un milieu à deux couches : air, couche 1 et couche 2. Les interfaces entre ses couches sont planes. Dans un tel exemple, il y a trois types d'ondes à considérer : les ondes directes, les ondes réfléchies et les ondes réfractées.

Les ondes qui se propagent directement de la source vers le récepteur sont appelées les ondes directes. Lorsque les antennes sont posées sur le sol, cette onde se propage en partie dans l'air, appelée alors «onde directe dans l'air», et en partie dans le sol, donnant l'«onde directe dans le sol». Dans nos applications sub-surfaciques, nous chercherons à comparer des vitesses de propagation dans le sol et dans l'air. Nous considérerons donc que la vitesse de propagation d'une onde électromagnétique dans l'air est égale à celle de la lumière dans le vide, soit 0,3 m/ns. Cette vitesse étant la plus grande, et le chemin entre la source et le récepteur étant le plus court dans la plupart des acquisitions de profils réflexions, l'onde directe dans l'air est la première à arriver au récepteur. Son temps d'arrivée peut servir de référence pour palier à la perte du «temps zéro», le temps auquel l'onde a été initiée à l'antenne source. Le temps d'arrivée t pour une onde directe est facile à calculer. Il est tout simplement la distance parcourue d divisée par la vitesse de l'onde dans le milieu traversé v,

$$t = \frac{d}{v}. \tag{1.32}$$

Sur le schéma 1.5, le temps d'arrivée pour une onde réfléchie est la distance parcourue divisée par la vitesse du milieu 1, v_1. Dans le cas de la première réfléchie, la distance parcourue est deux fois l'hypoténuse du triangle rectangle (T_x, a, m) où m est le point milieu de l'émetteur et du récepteur. Par le théorème de Pythagore on obtient

$$t = \frac{\sqrt{x^2 + 4h^2}}{v}, \tag{1.33}$$

où x est la distance entre l'émetteur et le récepteur (appelé aussi déport, en français, ou «offset» en anglais), et h est l'épaisseur de la couche de milieu 1.

Le phénomène de réfraction post-critique se produit lorsque l'on passe d'un milieu lent à un milieu rapide pour lequel nous observons un angle critique comme expliqué dans le paragraphe 1.1.3. Sur notre exemple, il existe une onde réfractée lorsque l'onde réfléchie incide sur l'interface entre le milieu 1 et l'air. Cette onde est générée pour un angle critique

$$\theta_c = \arcsin(v/c_0), \tag{1.34}$$

correspondant au déport critique X_c,

$$\theta_c = \frac{2hv}{\sqrt{c_0^2 - v^2}}. \tag{1.35}$$

Le temps d'arrivée de cette onde réfractée est

$$t = \frac{x}{c_0} + 2h\sqrt{\frac{1}{v^2} - \frac{1}{c_0^2}}.$$ (1.36)

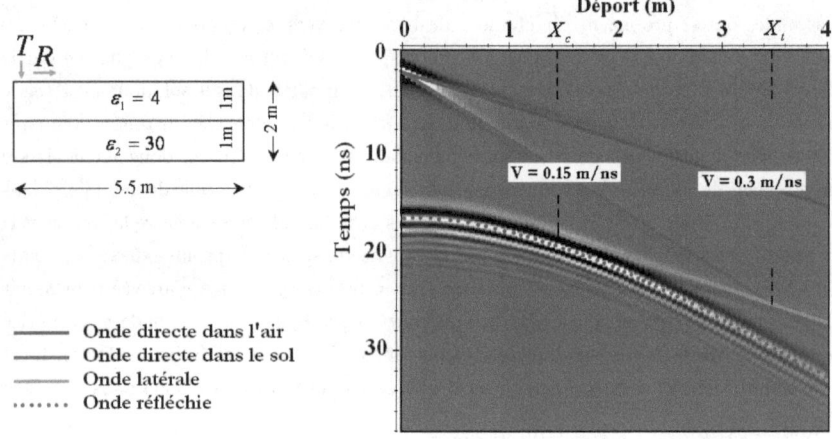

FIGURE 1.6: A droite : Courbes temps - déport obtenues surimposées au radargramme simulé avec pour modèle l'exemple tri-couches décrit à gauche.

Un diagramme montrant les relations entre le temps d'arrivée t et le déport x des équations 1.32 à 1.36 est montré dans la Fig. 1.6. Nous voyons que la courbe du temps d'arrivée pour l'onde directe dans le sol est une droite de pente de $1/v_1$. Celle pour l'onde directe dans l'air est une droite de pente $1/c_0$. La courbe du temps d'arrivée pour les ondes réfléchies est une hyperbole. Elle tend assymptotiquement vers la courbe de l'onde directe dans le sol. L'onde latérale n'apparaît qu'au delà de l'angle critique et a pour courbe une droite de pente $1/c_0$.

1.2.3 Les différentes géométries d'acquisition

Profils réflexion à déport constant

L'acquisition de profils en gardant la distance entre la source et le récepteur fixe est la plus classique. Lors de l'acquisition d'un profil à déport constant, le temps d'acquisition d'une trace étant assez court (de l'ordre d'un dixième de seconde) le profil est acquis en traînant une boite d'antennes sur le sol derrière soi, en marchant, ou derrière un tracteur, voire une voiture.

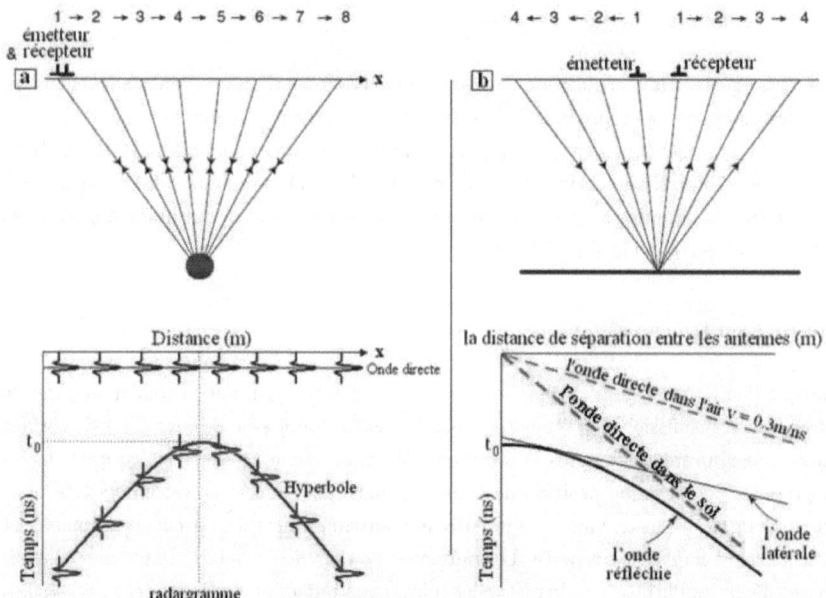

FIGURE 1.7: a) Radargramme (bas) acquis en réflexion à déport constant au dessus d'un objet (haut) et b) en mode multi-déport au dessus d'une interface plane.

Sur un radargramme acquis dans cette configuration, le signal renvoyé par un objet forme une hyperbole (Fig. 1.7a). L'apex de cette hyperbole correspond à la position pour laquelle le temps de parcours de l'onde entre l'antenne source, l'objet et l'antenne réceptrice est minimal (position où le milieu des deux antennes est juste au dessus de l'objet). Plus on s'éloigne de cette position, plus le temps de parcours augmente et l'on obtient les deux branches de l'hyperbole.

L'hyperbole a pour équation

$$t = \frac{2\sqrt{(x - x_0)^2 + h^2}}{v}, \tag{1.37}$$

où x est la distance parcourue par les antennes, x_0 est à la verticale de l'objet, h est la profondeur de l'objet.

L'ajustement de cette hyperbole permet de retrouver la vitesse apparente de propagation de l'onde entre les antennes et l'objet et donc de calculer sa profondeur.

Profils réflexion à déport variable

Une autre géométrie d'acquisition consiste à enregistrer les traces en déplaçant seulement une des antennes par rapport à l'autre (mesures Wide Angle Reflection and Refraction (WARR)) ou symétriquement par rapport à un point milieu (Common Mid Point (CMP)). La Figure 1.7b présente les deux types de mesures. Les radargrammes obtenus de la sorte permettent de faire des analyses de vitesses à partir de l'analyse des différentes courbes obtenues comme dans la Fig. 1.7.

Mesures en transmission

Lorsque l'émetteur et le récepteur sont de part et d'autre d'un milieu sondé, on parle de mesure en transmission. Ce type d'acquisition peut se faire avec des antennes de surface pour sonder un mur par exemple. Le mode de transmission est souvent associé à la to-mographie. Pour chaque position de l'antenne émettrice, une trace est enregistrée pour une série de positions de l'antenne réceptrice. L'antenne émettrice est ensuite déplacée, et la séquence d'acquisition répétée. Le traitement de ce type de radargramme n'est pas di-rect et nécessite l'utilisation de méthodes d'inversion numériques (Hollender et al., 1999). Cette méthode est très utilisée avec des antennes de forage, en déplaçant les antennes émettrice et réceptrice dans deux puits adjacents.

1.2.4   Les paramètres d'acquisition

Comme toute méthode géophysique, la qualité pour ne pas dire les données en générale, dépendront des paramètres d'acquisition. Nous allons en présenter quelques uns, et leurs valeurs optimales en fonction de l'objectif recherché. Nous baserons ces paragraphes sur les travaux de Annan and Cosway (1992) et Annan (2002).

Estimation de la fenêtre d'écoute du signal

Commençons par l'un des paramètres qui peut sembler le plus trivial de prime abord, à savoir la fenêtre d'écoute. Afin de la déterminer correctement, nous avons besoin de la vitesse de l'onde au sein du milieu, mais pour déterminer cette dernière, nous avons besoin d'une acquisition radar... Ce problème sans fin est résolu par l'utilisation de table de permittivité, qui nous permettent de remonter à la vitesse. Partant de là, la fenêtre d'écoute peut s'approximer au temps nécessaire pour l'onde d'aller jusqu'à la profondeur souhaitée et revenir au récepteur,

$$t_f = (1, x)\frac{2d}{v}, \tag{1.38}$$

où t_f est la fenêtre d'écoute, d la profondeur, v la vitesse de l'onde au sein du milieu et x représentant le pourcentage d'incertitude de la vitesse du fait de l'inhomogénéité du sol avec la profondeur. Pour une erreur d'une trentaine de pour cent, $t_f = 1,3\frac{2d}{v}$.

Choix des antennes

Par le choix des antennes nous entendons le choix de la fréquence afin d'optimiser au mieux l'information du signal radar en retour. Trois paramètres doivent être pris en compte :
– la résolution spatiale,
– la limitation du bruit du fait d'objets diffractant,
– la profondeur de pénétration.
La résolution spatiale peut être dans notre développement, assimilée au pouvoir séparateur en optique, c'est à dire qu'il faut que la largeur du signal soit plus faible [4] que la séparation de deux objets que nous souhaitons dissocier. Généralement, on pose que si le signal est deux fois plus court que la séparation des objets, nous arriverons à séparer les objets dans le signal. En supposant que la largeur de bande de la fréquence est très faible, donc que nous avons un signal à une seule fréquence bien définie, ce qui est impossible, on obtient la condition sur la fréquence centrale :

$$f_c > \frac{75}{\Delta Z\sqrt{\varepsilon}} \, MHz, \tag{1.39}$$

où ΔZ est la résolution spatiale en mètre, que nous souhaitons discriminer.

La limitation du bruit peut se faire par l'utilisation d'une longueur d'onde bien supérieure à la taille des petits objets diffractant (pierre, cailloux, failles ...), typiquement en prenant une longueur d'onde 10 fois supérieure à la taille du plus grand objet diffractant que nous ne souhaitons pas voir, nommons le ΔL. On obtient une condition sur la fréquence centrale :

$$f_c > \frac{30}{\Delta L\sqrt{\varepsilon}} \, MHz, \tag{1.40}$$

Enfin la dernière condition concerne la profondeur de pénétration de l'onde. Un paramètre important concerne la section efficace de cet objet qui occupe une grande partie de l'onde émise par le radar. De plus sans trop rentrer dans les détails, il est nécessaire que l'objet soit de la taille la plus proche possible de la zone de Fresnel, afin de retourner un signal cohérent. Ceci donne une condition de plus sur la fréquence centrale :

$$f_c < \frac{v\beta\sqrt{\varepsilon - 1}}{d}, \tag{1.41}$$

β étant le ratio entre la taille de l'impulsion radar (la longueur d'onde) et la taille de l'objet.

---

4. Nous parlons en temps

1.2.5 Les traitements de données

Une fois les données radar acquises, il est nécessaire d'appliquer plusieurs traitements aux profils pour leur interprétation. Pour les effectuer, nous avons principalement utilisé le logiciel REFLEXW de Sandmeier (2007).

Recentrage des traces

Cette première étape consiste à retirer la composante continue de chaque trace. Il existe plusieurs moyens de le faire :

- l'amplitude moyenne de la trace est calculée puis retranchée à chaque amplitude échantillonnée.
- on retranche l'amplitude moyenne à l'intérieur d'une fenêtre glissante d'une taille définie de manière à être supérieure à la taille temporelle du signal émis, et suffisamment faible pour pouvoir prendre en compte une éventuelle variation de la valeur moyenne au cours du temps d'acquisition de la trace.
- on effectue un filtre fréquentiel passe-haut pour supprimer les basses fréquences.

Référence temporelle

Le temps où le signal est émis par l'antenne source n'est pas connu. L'utilisateur place sa fenêtre d'écoute du signal en repérant l'arrivée des ondes directes. Il s'agit de prendre une référence temporelle (un temps zéro). Pour positionner ce temps, on peut

- acquérir une mesure au dessus d'une plaque métallique au départ de chaque profil. Le temps d'arrivée de la réflexion servira de référence.
- acquérir un profil en levant d'une distance métrique l'antenne au dessus du sol pour découpler celle-ci du sol. L'onde directe entre les antennes est alors indépendante du sol prospecté et son temps d'arrivée permet de temps de référence.
- acquérir quelques traces à une distance connue au dessus du sol et utiliser la réflexion sur l'interface air-sol.
- utiliser le temps d'arrivée d'une phase de l'onde directe (il s'agit de l'onde directe dans le sol lorsque l'on utilise des antennes blindées), comme référence. Il faut alors faire attention aux possibles inversions de polarisation du signal réfléchi sur les interfaces enfouies.
- enfoncer un réflecteur à une profondeur donnée (possible seulement en faisant une tranchée latérale) et repérer le temps d'arrivée de l'apex de l'hyperbole de diffraction obtenu sur cet objet.

– repérer une hyperbole de diffraction sur un profil mono déport et enfoncer une tige à
son apex pour mesurer la profondeur de l'objet qui en est la cause (possible lors de la
recherche d'objets "durs" dans des sols "mous" comme des racines d'arbres...)

– utiliser les réflexions latérales sur des réflecteurs de surface comme les murs (lors de
mesures dans des bâtiments par exemple), ou sur des réflecteurs métalliques enfouies
dans le sol à cet effet (Léger and Saintenoy, 2011).

Filtrage spectrale

Le radar à impulsion temporel émet une onde avec un spectre fréquentiel large. Les données sont bruitées par différentes effets :

– comme vue deux paragraphes auparavant, chaque trace est centrée sur une valeur non
nulle (DC value) résultant d'un manque de calibration de l'appareil électronique.

– chaque trace est polluée par un bruit électronique périodique, d'amplitude faible mais
parfois masquant les signaux recherchés si ces derniers sont de petite amplitude. Ce
bruit est d'autant plus masquant pour les réflexions les plus tardives ou dans des milieux
atténuants.

Il est alors recommandé d'effectuer un filtrage fréquentiel passe-bande entre $F_c/3$ et $2F_C$ où
F_C est la fréquence centrale du signal émis. De plus pour supprimer le bruit électronique,
il est possible d'utiliser un filtre fk (Mari et al., 1997).

Amplification du signal

L'atténuation du signal radar étant très importante il est souvent difficile de voir autre
chose que l'onde directe dans les données brutes. Souvent, seule la corrélation visuelle trace
à trace permet de retrouver une hyperbole de diffraction ou une réflection sur une interface
en profondeur. Pour permettre cette interprétation visuelle, on peut jouer sur la palette
de couleurs, ou sur la valeur à laquelle le signal maximum est tronqué. Cette troncature
fait perdre sur la résolution des réflexions sur des interfaces proches de la surface. Une
meilleure solution consiste à jouer sur l'amplification du signal en multipliant chaque trace
par une fonction de gain G. Il existe plusieurs manière d'appliquer un gain. L'utilisateur
peut choisir une fonction G somme d'un terme linéaire et d'un terme exponentielle en
fonction du temps de parcours t. Une autre manière consiste à appliquer un gain à contrôle
automatique (AGC) : une constante est déterminée pour amplifier l'amplitude à l'intérieur
d'une fenêtre, de taille choisie par l'utilisateur, en fonction de son amplitude maximum
(définie par sa moyenne quadratique) et de celle de la fenêtre du dessus (Sandmeier,
2007). Il est important de garder en tête que l'application d'un gain modifie les amplitudes
réellement enregistrées. L'analyse post gain d'un radargramme ne peut plus se faire que
sur les temps d'arrivée des réflexions intéressantes.

Analyse de vitesse

La vitesse de propagation d'une onde électromagnétique dépend fortement de la teneur en eau du milieu sondé. Ainsi une analyse de vitesse n'est valable que pour le lieu et l'instant auquel ont été effectuées les mesures.

Différentes méthodes existent pour déterminer la vitesse d'une onde radio dans le sol. La plus simple consiste à mesurer le temps de parcours de l'onde entre les antennes et un objet de profondeur connu dans le sol (Conyers and Lucius, 1996). Mais il faut faire attention à prendre des repères dans le signal transmis et réfléchi. La mesure peut-être faussée par une éventuelle inversion de phase dans le signal réfléchi (lorsque le milieu du dessous est caractérisé par une vitesse plus lente que le milieu du dessus). Et il faut prendre en compte la distance parcourue par l'onde entre l'émetteur et le récepteur. Or la vitesse de parcours de l'onde entre les deux antennes n'est pas connue. Ce temps de parcours direct entre les antennes n'est pas critique quand les objets sont profonds par rapport au départ. Mais ce n'est pas toujours le cas lors des acquisitions radar. Donc même dans le cas d'une réflexion sur une interface de profondeur connu, la détermination de la vitesse de l'onde électromagnétique n'est pas parfaite.

Une deuxième méthode consiste à trouver une hyperbole de diffraction dans le radargramme. L'équation de l'hyperbole de diffraction est connue pour un objet enfoui dans un milieu de vitesse v. Il suffit de retrouver la vitesse qui correspond à une hyperbole qui ajuste le mieux celle obtenue dans le radargramme (onglet disponible dans Reflexw). Cette méthode est plus fiable car la vitesse retrouvée dépend du temps zéro de référence. Dans le cas où l'on a une hyperbole sur un objet de profondeur connue, la vitesse retrouvée par adaptation de l'hyperbole n'est peut-être pas la vitesse absolue mais elle permet de convertir les temps d'arrivée en profondeur au sein du radargramme par rapport au temps «zéro» pris pour référence. Cependant, cela suppose que la vitesse est constante tout au long du radargramme.

Une troisième méthode consiste à effectuer des mesures en transmission entre forages, ou entre tranchées, ou de chaque coté d'un mur. Les temps de parcours de l'onde entre les antennes dépend de la position des antennes. Leur inversion permet de retrouver les variations de la vitesse électromagnétique du milieu sondé. Ce genre d'analyse a été très utilisé pour imager les zones entre forages (Gloaguen et al., 2007; Rucker, 2011).

Une quatrième méthode consiste à effectuer des mesures multi-déports en surface. Une analyse des données obtenues au-dessus de réflecteurs permet de retrouver les variations de vitesse en profondeur (Booth et al., 2010; Booth et al., 2011).

Migration

Un radargramme est une image distordue de la région imagée : chaque point diffractant du milieu sondé "apparaît" comme une hyperbole dans le radargramme et une réflexion enregistrée sur une trace ne provient pas obligatoirement d'un réflecteur situé à l'aplomb du point d'enregistrement de la trace. Le traitement consistant à transformer un radargramme espace-temps en une image dans laquelle les réflecteurs sont correctement positionnés et à taille réelle, s'appelle la migration. Les deux méthodes les plus couramment utilisées pour migrer les données radar sont la migration de Kirchhoff (Dorney et al., 2001) et la migration f - k, dite de Stolt (Stolt, 1978). Ces deux méthodes sont expliquées par Özdemir et al (2012).

Les nombreuses acquisitions permettant d'effectuer des cubes de données sont traités de manière à prendre en compte la position azimutale des antennes par rapport à un point diffractant par des migrations 3D (Grasmueck et al., 2005; Radzevicius, 2008; Booth et al., 2008). Le temps d'acquisition de tels jeux de données 3D reste significativement long même si de nouvelles antennes permettent l'acquisition de plusieurs profils de manière simultanée.

1.3   La modélisation par FDTD

Dans le domaine temporel, la méthode de calcul numérique la plus générale et la plus répandue est la méthode dite par différences finies en domaine temporelle (Taflove and Hagness, 2000), ou en anglais Finite Difference Time Domain (FDTD). Cette méthode a été utilisée intensivement pour modéliser la réponse d'un radar de sol au-dessus de cibles complexes (Bourgeois and Smith, 1996; Giannopoulos, 2005; Diamanti et al., 2008; Diamanti and Giannopoulos, 2011). Elle est souvent utilisée à cause de sa relative simplicité à être programmée et son application à une grande généralité de cas. Elle permet de simuler le comportement d'une onde électromagnétique dans tout type de milieu (dispersif et atténuant) tout en tenant compte de formes géométriques d'objets pouvant constituer la structure (Bergmann et al., 1998). Elle peut être utilisée pour modéliser le cas de milieu présentant une perméabilité magnétique non négligeable (Cassidy and Millington, 2009) et en 3 dimensions (Millington and Cassidy, 2010).

Nous nous sommes intéressés à la méthode des différences finies dans le domaine temporel (FDTD) telle que celle implémentée par Giannopoulos (1998; 2005) dans son logiciel libre GprMax (http ://www.gprmax.org). Nous présentons ci-après le principe de cette modélisation numérique et l'algorithme utilisé, l'algorithme de Yee (1966).

Dans un milieu continu, linéaire, isotrope et homogène, de paramètres électromagnétiques ε, μ et σ, les deux premières équations de Maxwell s'écrivent

$$\frac{\partial \vec{H}}{\partial t} = -\frac{1}{\mu}\left(\vec{\nabla} \wedge \vec{E} - \rho'\vec{H}\right), \qquad (1.42)$$

$$\frac{\partial \vec{E}}{\partial t} = \frac{1}{\varepsilon}\left(\vec{\nabla} \wedge \vec{H} - \sigma\vec{E}\right), \qquad (1.43)$$

$$\qquad (1.44)$$

où ρ' est un terme de pertes magnétique (Taflove and Hagness, 2000; Perez, 2005). Dans la plupart des matériaux de construction, les pertes magnétiques sont négligeables. Ces équations se réécrivent alors dans un système de coordonnées cartésiennes x, y, z et en fonction de la variable temps t comme

$$\frac{\partial H_x}{\partial t} = -\frac{1}{\mu}\left(\frac{\partial E_z}{\partial y} - \frac{\partial E_y}{\partial z}\right) \tag{1.45}$$

$$\frac{\partial H_y}{\partial t} = -\frac{1}{\mu}\left(\frac{\partial E_x}{\partial z} - \frac{\partial E_z}{\partial x}\right) \tag{1.46}$$

$$\frac{\partial H_z}{\partial t} = -\frac{1}{\mu}\left(\frac{\partial E_y}{\partial x} - \frac{\partial E_x}{\partial y}\right) \tag{1.47}$$

$$\frac{\partial E_x}{\partial t} = \frac{1}{\varepsilon}\left(\frac{\partial H_z}{\partial y} - \frac{\partial H_y}{\partial z} - \sigma E_x\right) \tag{1.48}$$

$$\frac{\partial E_y}{\partial t} = \frac{1}{\varepsilon}\left(\frac{\partial H_x}{\partial z} - \frac{\partial H_z}{\partial x} - \sigma E_y\right) \tag{1.49}$$

$$\frac{\partial E_z}{\partial t} = \frac{1}{\varepsilon}\left(\frac{\partial H_y}{\partial x} - \frac{\partial H_x}{\partial y} - \sigma E_z\right). \tag{1.50}$$

Supposons que nous choisissons le plan x-y comme plan de propagation des ondes, c'est à dire que nous nous plaçons en mode Transverse Electrique (TE). Nous avons alors $\partial/\partial z = 0$ et nous gardons seulement les composantes E_z, H_x et H_y. Avec ces conditions, le système d'équations 1.50 se réécrit

$$\frac{\partial H_x}{\partial t} = -\frac{1}{\mu}\left(\frac{\partial E_z}{\partial y}\right) \tag{1.51}$$

$$\frac{\partial H_y}{\partial t} = \frac{1}{\mu}\left(\frac{\partial E_z}{\partial x}\right) \tag{1.52}$$

$$\frac{\partial E_z}{\partial t} = \frac{1}{\varepsilon}\left(\frac{\partial H_y}{\partial x} - \frac{\partial H_x}{\partial y} - \sigma E_z\right). \tag{1.53}$$

Pour résoudre ce système d'équations numériquement, il faut créer un maillage dans lequel les valeurs des champs électrique et magnétique seront calculées en fonction des valeurs des champs dans les cellules voisines, par différences finies, pendant un temps défini discrétisé lui aussi. L'attribution des valeurs des champs en différents points du maillage doit être astucieuse pour permettre le calcul. Celui proposé par Yee (Yee, 1966) est présenté sur la Fig. 1.8.

Comme tout algorithme de différence finies, Yee transforme le système d'équations aux dérivées partielles en système d'additions et soustractions par maille. Ce qui fait qu'une fonction de l'espace et du temps est notée :

$$F^n(i,j,k) = F(i\Delta x, j\Delta y, k\Delta z, n\Delta t) , \tag{1.54}$$

où Δx, Δy et Δz sont les dimensions de la maille dans les 3 dimensions qui est en fait l'incrément spatial et Δt l'incrément temporel. Pour des raisons de précisions, Yee utilisa la différence finie centrée, c'est à dire, dans l'espace (d'après la formulation de Taylor) :

$$\frac{\partial F^n(i,j,k)}{\partial x} = \frac{F^n(i+\frac{1}{2},j,k) - F^n(i-\frac{1}{2},j,k)}{\Delta x} + o(\Delta x^2) , \tag{1.55}$$

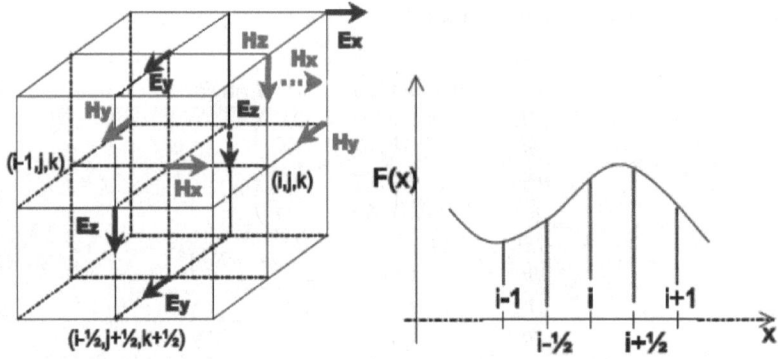

FIGURE 1.8: Maillage et discrétisation temporelle proposé par Yee (1966).

et en temps :

$$\frac{\partial F^n(i,j,k)}{\partial t} = \frac{F^{n+1/2}(i,j,k) - F^{n-1/2}(i,j,k)}{\Delta t} + o(\Delta t^2) \ . \tag{1.56}$$

L'équivalent de l'équation 1.53, en termes de différences finies est :

$$
\begin{aligned}
E_z^{n+1}(i,j,k) = & \left[1 - \frac{\sigma(i,j,k)\Delta t}{\varepsilon(i,j,k)}\right] E_z^n(i,j,k) + \\
& \frac{\Delta t}{\varepsilon(i,j,k)\Delta x}\left[H_y^{n+1/2}(i+\frac{1}{2},j,k) - H_y^{n+1/2}(i-\frac{1}{2},j,k)\right] - \\
& \frac{\Delta t}{\varepsilon(i,j,k)\Delta y}\left[H_x^{n+1/2}(i,j+\frac{1}{2},k) - H_x^{n+1/2}(i,j-\frac{1}{2},k)\right] . \tag{1.57}
\end{aligned}
$$

On voit sur ce système d'équations que les nouvelles valeurs des champs, en n'importe quel point du maillage sont calculées à partir de celles autour du point. Les valeurs des incréments spatiaux et temporels (Δx, Δy, Δz, Δt) doivent être choisis afin d'optimiser et de rendre la valeur obtenue la plus précise possible. Ceci se traduit physiquement par prendre une valeur d'incrément spatial plus faible que la longueur d'onde minimale ou plus faible que la longueur minimal sujette aux phénomènes de diffraction (Taflove and Hagness, 2000), c'est-à-dire,

$$C_{max}\Delta t \leq \left(\frac{1}{\Delta x^2} + \frac{1}{\Delta y^2} + \frac{1}{\Delta z^2}\right)^{1/2} \ , \tag{1.58}$$

où C_{max} est la vitesse de phase maximale. On voit dans la précédente inégalité qu'un des revers de la médaille d'un calcul de différence finies est la relation entre les incréments spatiaux et temporels. Ces deux incréments ne peuvent pas être déterminés indépendamment l'un de l'autre.

Un autre revers implicite, et typique d'une résolution en différence finies, concerne l'anisotropie créée par le maillage. En effet, la vitesse de phase varie en fonction de la direction de propagation et de la discrétisation. Pour plus de détails sur cet effet d'anisotropie, se référer à l'article de Taflove (Taflove, 1988).

Enfin l'un des derniers problèmes propres à la méthode de différences finis, est celui des conditions aux limites. En effet les différences finis ont des difficultés de calcul aux frontières du modèle. Pour palier à celles-ci, le logiciel GprMax2D/3D, effectue les calculs sur un milieu considéré comme infini, mais délimité par une frontière virtuelle qui a pour effet de faire tendre les champs magnétique et électrique vers zéro. Pour plus de renseignements, se référer à la thèse de Giannopoulos (1998), ou au manuel de Gprmax2D/3D.

Chapitre 2

Études numériques

2.1 Amplitude versus déport

2.1.1 Comparaison numérique cavité vide et cavité pleine d'eau

Lorsqu'il y a une cavité vide dans le sous-sol, la première chose que nous avons étudié est la présence d'un angle critique à l'interface sol-air due à l'augmentation de vitesse entre les deux milieux. Nous avons modélisé en deux dimensions les radargrammes multi-déports acquis au-dessus de deux milieux trois couches pour observer les variations d'amplitude en fonction de la distance entre l'émetteur et le récepteur (appelé AVO pour Amplitude Versus Offset en anglais). Dans le premier modèle nous considérons une couche de sol au dessus d'une lame d'eau. Dans le deuxième modèle, le sol est au dessus d'une couche d'air. La valeur de permittivité relative du sol a été choisie à 9 pour avoir des coefficients de réflexion égaux, en valeur absolue à incidence normale, entre les deux types d'interface : sol/air et sol/eau.

Pour s'affranchir des réflexions sur les bords du modèle, nous avons pris un domaine de modélisation avec une couche d'air supérieure de large épaisseur comme montré sur la figure 2.1. Dans cette modélisation nous considérons une conductivité électrique nulle, ainsi qu'une perméabilité magnétique relative égale à 1. La source est un signal de Ricker de fréquence centrale 250 MHz. Concernant la polarisation du champ électromagnétique, nous avons pris un mode Transverse Electrique (TE), c'est-à-dire que le champ électrique est perpendiculaire au plan d'acquisition tandis que le champ magnétique y est parallèle.

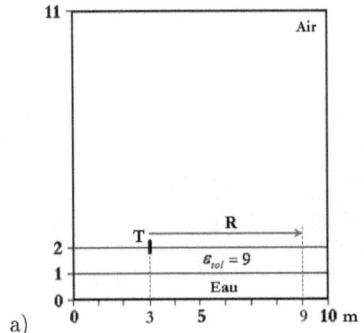 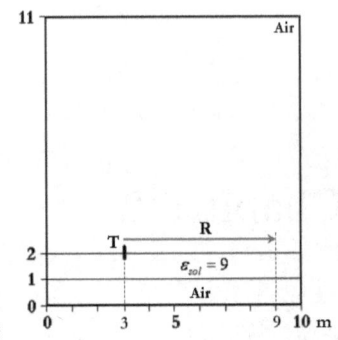

FIGURE 2.1: Modèle tri-couches pour simuler un radargramme multi-déports sur a) une cavité pleine d'eau, b) une cavité vide.

Multi-déport au dessus d'une cavité pleine d'eau

Dans la première simulation, nous considérons une couche d'air de 9 m de haut, une couche de sol de permittivité relative $\varepsilon_s = 9$, de 1 m d'épaisseur, et une couche d'eau de permittivité relative $\varepsilon_w = 81$, de 1 m d'épaisseur (Fig. 2.1a). Le coefficient de réflexion à incidence normale est alors $r = \frac{3-9}{3+9} = -0,5$ comme calculé par l'équation 1.28.

Le radargramme obtenu en supposant un émetteur fixe à 3 m et un récepteur dont la position varie de 3 à 9 m, avec un pas de 10 cm, est montré sur la figure 2.2a. Sur ce radargramme nous voyons clairement, les fonctions temps d'arrivée-déport correspondant à l'onde directe dans l'air, à celle dans le sol, la première et la deuxième onde réfléchie à l'interface sol/eau, puis une onde réfractée post-critique à l'interface sol/air (voir les explications sur la Fig. 1.6). La première réfléchie à une polarité inverse à celle transmise directement entre les deux antennes dans l'air ou dans le sol comme attendu à cause du coefficient de réflexion négatif. La deuxième réfléchie, sera de polarité identique à l'onde directe dans l'air puisqu'elle a subi deux réflexions sur l'interface sol/eau avec un r négatif. En prenant une permittivité relative de 9 pour le sol, l'angle critique lors du passage sol/air vaut $19,5°$ ce qui correspond à une distance critique de 0.7 m pour une couche de 1 m. Au delà de 0,7 m, on observe donc la droite t-x de l'onde réfractée post-critique qui se détache de l'hyperbole de la première réfléchie. Cette droite est parallèle à l'onde directe dans l'air. Au delà de 1,4 m, on observe une deuxième droite correspondant au temps d'arrivée de la réfractée post-critique suite à une double réflexion.

A noter sur la figure 2.4 que l'amplitude de cette deuxième réfractée post-critique est supérieure à celle de la première, malgré un parcours plus long. Ceci s'explique en regardant la figure 2.3a. La deuxième réfractée suit deux chemins différents. Le récepteur enregistre

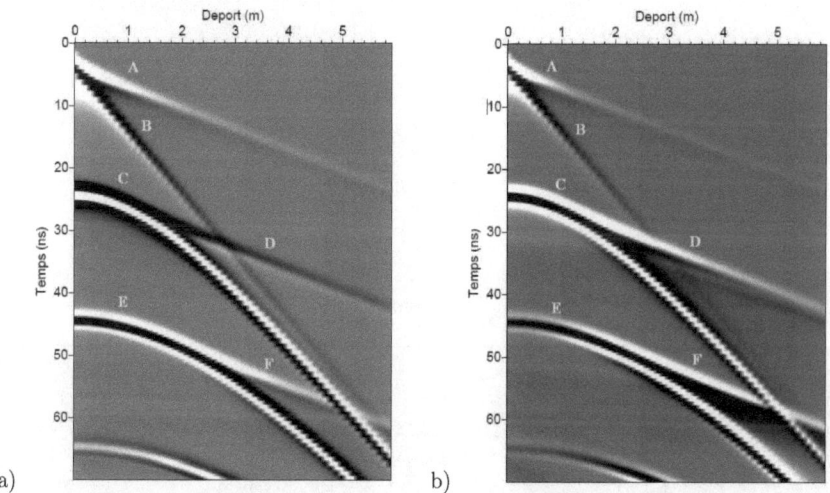

FIGURE 2.2: Modélisation Gprmax2d d'un profil multi-déport acquis au dessus de a) une cavité pleine d'eau, b) une cavité vide. A est l'onde directe dans l'air, B est l'onde directe dans le sol, C est la réflexion sur l'interface sol-eau en a), sol-air en b), D est l'onde réfractée post-critique, E est la première multiple réfléchie de C, F est la deuxième réfractée post-critique.

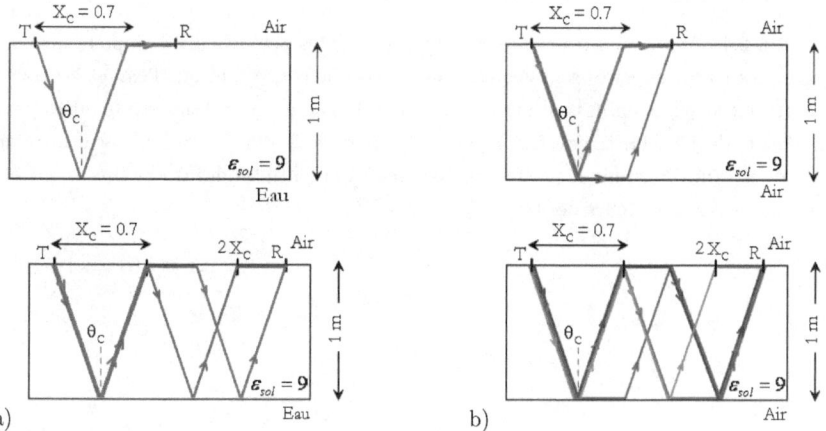

FIGURE 2.3: Chemins parcourus par les ondes réfractées post-critique dans le cas de a) une cavité pleine d'eau, b) une cavité vide.

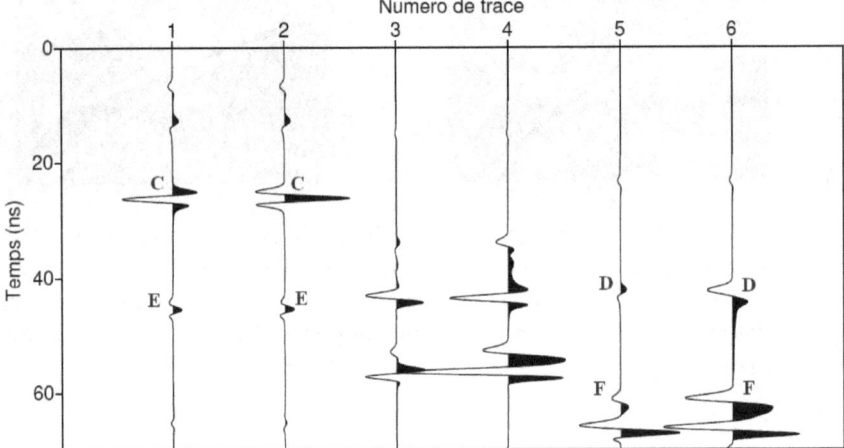

FIGURE 2.4: Comparaisons des traces obtenues dans les deux simulations pour trois déports. Les traces impaires sont acquises au dessus d'une cavité pleine d'eau et les traces paires sont acquises au dessus d'une cavité vide. Les traces 1 et 2 ont été simulées pour un déport de 1 m, les traces 3 et 4 pour un déport de 3,5 m, les traces 5 et 6 pour un déport de 6 m. Pour une meilleur visualisation les amplitudes des traces 3 et 4 ont été multipliées par 2 et, celles des traces 5 et 6, par 10.

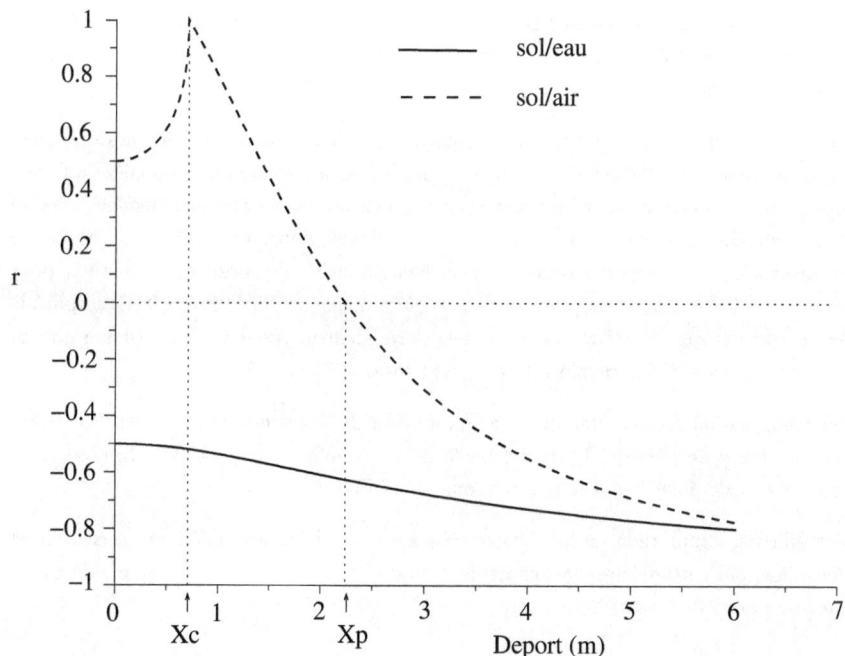

FIGURE 2.5: La partie réelle du coefficient de réflexion en fonction du déport dans le cas des modèles de la figure 2.1. x_c est le déport correspondant à l'angle d'incidence critique lors d'une acquisition au dessus d'une cavité vide. X_p est le déport pour lequel on observe une inversion de polarité lors d'une acquisition au dessus d'une cavité vide.

donc la somme des deux réfractées (interférence constructive) qui arrivent exactement en même temps. Cela double l'amplitude de l'onde réfractée enregistrée.

Multi-déport au dessus d'une cavité vide

Le deuxième cas est celui d'une couche de sol de permittivité 9, d'épaisseur 1 m, au dessus d'un vide (Fig. 2.1b). Le coefficient de réflexion à incidence normale est alors $r = \frac{3-1}{3+1} = +0,5$ comme calculé par l'équation 1.28. Le radargramme obtenu en supposant un émetteur fixe à 3 m et un récepteur dont la position varie de 3 à 9 m, avec un pas de 10 cm, est montré sur la figure 2.2b.

Cette fois, il n'y a pas d'inversion de polarité, aux faibles déports, entre les différents ondes puisque le coefficient de réflexion est positif. L'amplitude de la première réfléchie enregistrée à 1 m (traces 1 et 2 de la figure 2.4) est différente pour les deux modèles à cause de la dépendance du coefficient de réflexion avec l'angle d'incidence (Fig. 2.5). Alors que la valeur absolue de la partie réelle du coefficient r à incidence normale est identique pour les deux milieux, il ne l'est plus pour un angle d'incidence différent de $0°$. L'amplitude de la réflexion sur l'interface sol-air augmente rapidement jusqu'à son maximum obtenu à l'angle critique. On parle alors de réflection totale.

On remarque qu'il existe une distance X_p au delà de laquelle la réflexion sur l'interface sol-air change de polarité. La partie réelle de r est nulle pour $X = X_p$. On observe ce changement de polarité sur le radargramme de la Figure 2.2.

Par ailleurs, l'amplitude de la première réfractée est clairement inférieure à celle de la deuxième, qui cette fois est la somme de 4 ondes réfractées différentes comme dessinées sur la Figure 2.3b.

2.1.2   Application à la détection de cavités

La modélisation de l'amplitude de la réflexion en fonction du déport nous a permis de mettre en évidence trois phénomènes liés à la présence d'un cavité tabulaire dans le sous-sol :

– une première réflexion de même polarité que l'onde directe dans l'air et des réfractées.
– une augmentation de l'amplitude de l'onde réfractée au delà de l'angle critique par rapport au cas d'une réflexion sur une interface en profondeur sans angle critique.
– une inversion de polarisation de l'onde réfléchie au delà d'une certaine distance.

Nous avons tenté d'utiliser ces trois observations pour mettre en évidence la présence d'une cavité sous un plancher entre deux étages (Figure 2.6) et dans la partie des mesures multi-déports acquises au dessus des cryptes de l'église de Sainte-Mesme sont présentées. Dans

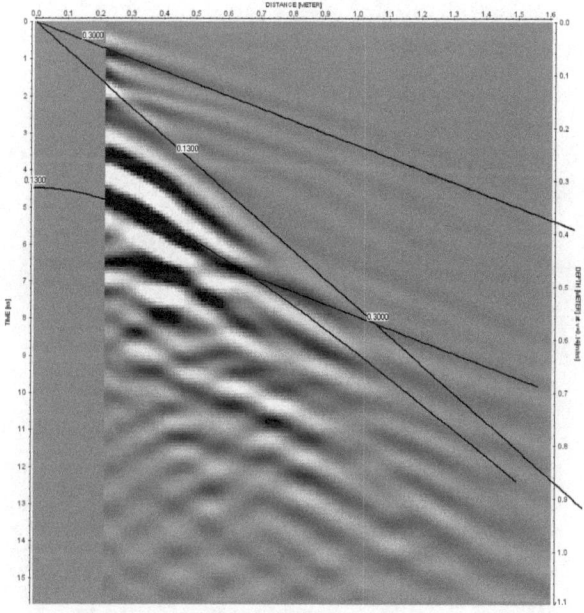

FIGURE 2.6: Radargramme multi-déports acquis sur le plancher d'un bureau du quatrième étage d'un bâtiment avec des antennes 800 MHz. La réfléchie semble changer de polarité pour un déport d'environ 0.7 m correspondant à un plancher de vitesse 0.13 m/ns et d'épaisseur 30 cm.

les deux cas, nous observons une inversion de polarisation à partir d'un certaine distance X_p mais notre interprétation reste discutable. Dans les faits les réflections multiples liés à l'hétérogénéité des planchers, l'incertitude sur le positionnement du temps zéro et le déport initial nous empêchent d'exploiter au maximum les trois phénomènes observés grâce à nos modélisations FDTD dans les données réelles. L'idée reste à approfondir.

2.2 Cavités à sections carrées

Dans cette partie nous nous intéressons aux limites de détection d'une cavité de section carrée par des mesures de radar de sol depuis la surface dans le cas simplifié d'une cavité unique dans un milieu homogène.

Notre étude ne prend pas en compte la dispersion du signal radar par les diffractions multiples pouvant apparaître à cause de la présence d'objets diffractants souvent nombreux dans la proche subsurface. La modélisation de cet effet se trouve dans l'étude de Fiaz et al (2012). Par ailleurs, Unrau et al. (2011) présentent une acquisition radar 3D sur une structure d'impact à Haughton, Devon Island, Canada, pour quantifier l'effet de la dispersion du signal radar liée à la diffraction multiple dans le contexte de l'exploration planétaire. Finalement Persico et al. (2011) prennent en compte la diffraction multiple liée à des anomalies diélectriques et magnétiques sur un schéma d'inversion linéaire.

Ici nous nous intéressons uniquement à l'amplitude de la réflexion sur une cavité à section carrée en fonction de sa taille, de sa profondeur, de la fréquence du signal électromagnétique incident et de l'atténuation du milieu homogène dû à sa conductivité électrique. Pour cela nous utilisons encore le programme GprMax2D (voir le chapitre 1) pour modéliser le radargramme acquis au dessus d'une cavité enfouie à la distance h de la surface et de section carrée de coté d comme illustré sur la Fig. 2.7. Nous faisons varier d de 0,25 à 3 m et h de 0,25 à 2 m. Nous utilisons Reflexw pour visualiser les résultats.

Nous étudierons trois types de milieu ambiant : milieu 1 peu atténuant ($\varepsilon_r = 4$, $\sigma = 0,001$ mS/m, $\mu_r = 1$), milieu 2 moyennement atténuant ($\varepsilon_r = 4$, $\sigma = 0,01$ mS/m, $\mu_r = 1$) et un milieu 3 fortement atténuant ($\varepsilon_r = 4$, $\sigma = 0,1$ mS/m, $\mu_r = 1$). Nous simulons la source d'onde électromagnétique par un Ricker avec une fréquence centrale de valeurs successives 100, 250, 500 et 800 MHz. Les radargrammes sont simulés en supposant un déport entre l'émetteur et le récepteur fixé à 0,31 m comme dans les antennes Malå. La permittivité diélectrique relative étant fixé à $\varepsilon_r = 4$ dans chacun de nos modèles, la longueur d'onde principale ne dépend que de la fréquence centrale de la source utilisée. Le tableau 2.1 résume les caractéristiques de l'onde électromagnétique utilisée pour nos différentes modélisations.

Les traces obtenues pour des sources Ricker de différentes fréquences centrales pour $d = 0,25$ m et $h = 2$ m sont montrées sur la figure 2.8. Celles obtenues pour $d = 3$ m et $h = 2$ m sur la figure 2.9. Lorsque la taille de la cavité est de $d = 0,25$ m il est impossible de distinguer la réflexion sur le toit de celle sur la base de la cavité. Quand $d = 3$ m, les deux réflexions sont distinctes. En utilisant l'équation 1.28, le coefficient de réflexion de Fresnel à incidence normale sur le toit de la cavité est positif et vaut 1/3. Celui sur la base de la cavité sera par contre négatif. Il y a donc une inversion de polarisation entre les deux

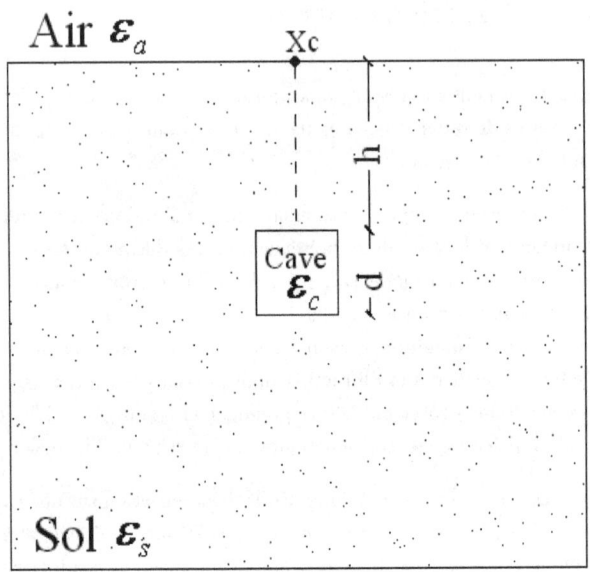

FIGURE 2.7: Modèle de cavité utilisé pour l'étude des limites de détection du radar de sol.

réflexions successives.

Fréquence centrale (MHz)	Longueur d'onde dominante (m)
100	1,5
250	0,6
500	0,3
800	0,188

TABLE 2.1: Fréquences centrales et longueurs d'onde dominantes du signal utilisé pour les simulations.

2.2.1 Réflexion par des couches minces

Les figures 2.8 et 2.9 illustrent la limite de détection entre les réflexions sur le toit et sur la base d'une cavité. Il existe aussi un phénomène intéressant sur l'amplitude de la réflexion sur le toit de la cavité en fonction de sa taille. Dans la littérature, la réflexion sur des couches minces (caractérisées par une épaisseur inférieure à $\lambda/4$) a été étudiée pour comprendre le fait qu'une fracture soit détectable par des mesures de surface sismique

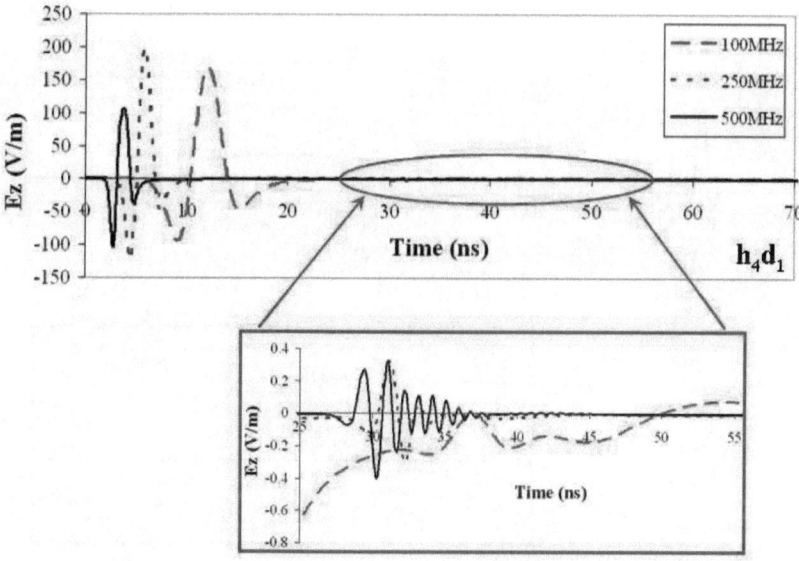

FIGURE 2.8: Traces simulées à différentes fréquences pour une cavité de taille $d = 0,25$ m à la profondeur $h = 2$ m. L'encadré est un élargissement sur l'onde réfléchie sur la cavité.

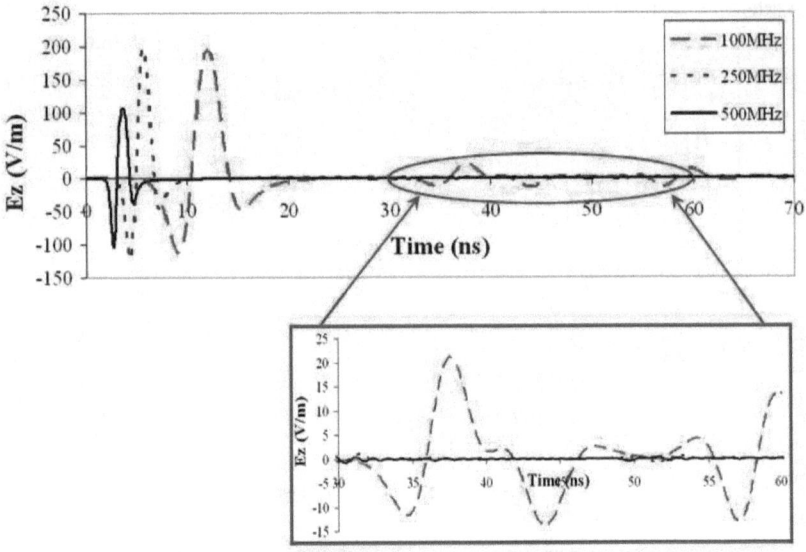

FIGURE 2.9: Traces simulées à différentes fréquences pour une cavité de taille $d = 3$ m à la profondeur $h = 2$ m. L'encadré est un élargissement sur l'onde réfléchie sur la cavité.

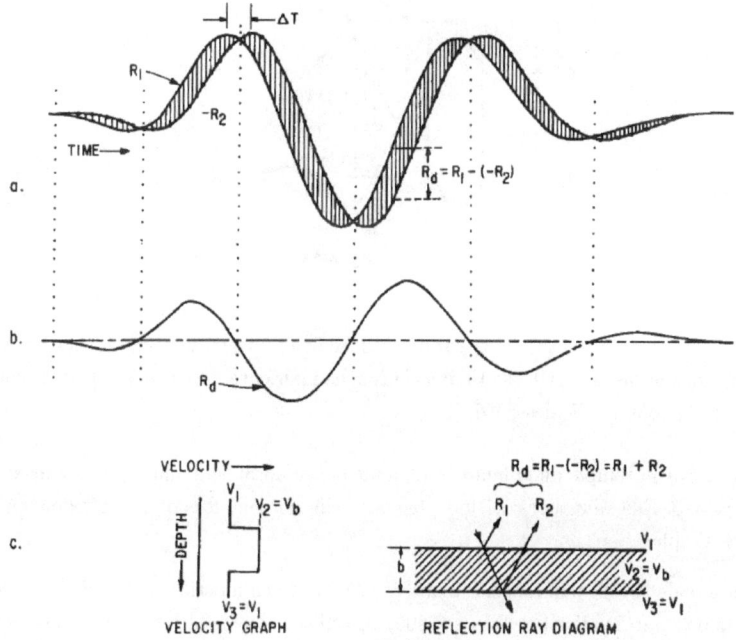

FIGURE 2.10: Interférence entre deux ondelettes identiques avec un décalage temporelle :
a) les deux ondelettes, R_1 et $-R_2$ décalées par Δt, b) différences R_d entre R_1 et $-R_2$,
c) réflexions associées avec une couche fine où la vitesse V_3 dans la couche inférieure est
égale à celle de la couche supérieure V_1 (d'après Widess, 1973).

ou radar. Lorsque la couche est suffisamment mince par rapport à la longueur d'onde de
l'onde incidente, les réflexions de l'onde sur le toit et sur la base de la couche arrivent
avec un décalage temporel inférieur à la durée du signal émis et les deux ondes réfléchies
interfèrent. L'article de Widess (1973) explique ce phénomène sur les figures 2.10 et 2.11.

Liu et Schmitt (2003) étudient l'effet de l'angle d'incidence sur la réflexion d'une onde
sismique par une couche mince. Ils montrent sur la figure 2.12 l'amplitude maximale de
l'onde réfléchie par une couche en fonction de son épaisseur. Lorsque le rapport entre la
longueur d'onde dans la couche, λ, et l'épaisseur de la couche, d, est supérieur à 100,
(cas d'une couche très fine), l'amplitude de la réflexion obtenue tend logiquement vers
0 (l'effet de la couche disparaît). Quand le rapport λ/d tend vers 0, l'amplitude de la
réflexion est celle que l'on aurait lors d'une réflexion sur une interface simple entre le milieu
ambiant et milieu dans la couche. Entre les deux extrêmes, l'amplitude de l'onde réfléchie
varie en fonction du rapport λ/d. Étonnamment, elle augmente lorsque le rapport λ/d

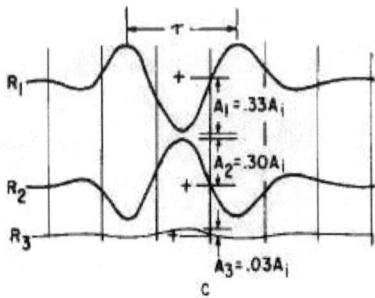

FIGURE 2.11: La réflexion totale R_3 par une couche fine provient de la somme des réflexions R_1 et R_2 dans le cas où la vitesse V_3 dans la couche inférieure est égale à celle de la couche supérieure V_1 (d'après Widess, 1973).

augmente. Sur l'exemple de la figure 2.12, à incidence normale, l'amplitude est maximale pour $d = \lambda/5$. Elle vaut alors 1,7 fois plus que celle obtenue lors d'une réflexion sur une interface simple.

L'amplitude de la réflexion associée à une couche mince en fonction de l'angle d'incidence a été exploité par Bradford et Deeds (2006) en utilisant une solution analytique. Ils l'ont appliquée avec succès pour l'interprétation de données radar acquises au dessus de zones contaminées par des hydrocarbures. Leur étude se limite à des paramètres indépendants de la fréquence et porte uniquement sur l'amplitude du coefficient de réflexion, sans tenir compte de sa phase.

Plus récemment, Deparis et Garambois (2008) évaluent l'utilisation de l'amplitude et de la phase de la réflexion sur une couche mince pour déterminer les propriétés d'une fracture (ouverture et contenu) à partir de mesures radar en surface. Dans leur étude ils prennent en compte la dispersion des paramètres électromagnétiques du milieu présentant la fracture. Ils appliquent leur analyse à des données réelles.

Finalement, Diamenti et Giannopoulos (2008) étudient le problème de la modélisation FDTD de couches minces en incluant une zone avec un maillage fin autour de la couche à l'intérieur d'un maillage plus grossier. Ils limitent ainsi le temps de calcul. Ils appliquent leur étude au cas de la détection d'interstices entre les briques constituant des piles de ponts, phénomène d'érosion qui modifie leur résistance et donc leur solidité. Dans cet article leurs exemples numériques sont calculés avec une source de fréquence nominale 1,5 GHz ce qui correspond à une longueur d'onde principale dans l'air $\lambda = 0,2$ m. Ils tracent l'amplitude maximale de l'onde réfléchie sur des couches d'épaisseur variant successivement de 1, 3, 6 et 12 mm, correspondant à 0,005 λ, 0,015 λ, 0,03 λ et 0,06 λ (Fig. 2.13). Leurs exemples numériques concernent donc des couches très minces. L'amplitude maxi-

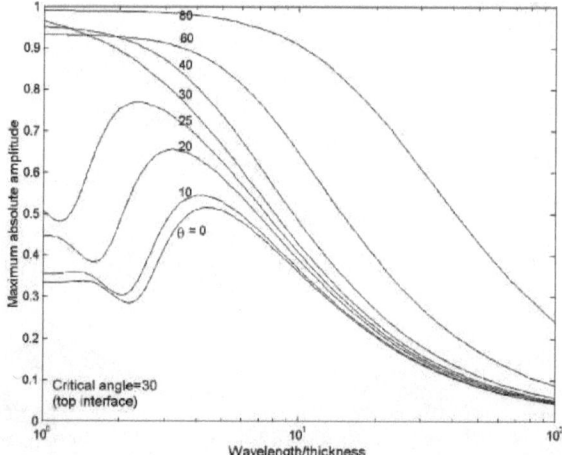

FIGURE 2.12: Amplitude maximale de l'onde réfléchie par une couche dans un milieu homogène en fonction du rapport longueur d'onde λ sur épaisseur d de la couche (d'après Liu et Schmitt, 2003).

male de l'onde réfléchie varie en fonction de l'épaisseur de l'interstice.

Inspirés par ces différentes études, nous avons cherché à étudier l'effet de la profondeur h et de l'épaisseur d d'une cavité carrée à différentes fréquences, avec un milieu présentant une conductivité électrique non nulle, sur l'amplitude de la réflexion.

2.2.2 Résultats de l'analyse numérique

Les traces simulées à 500 MHz, dans un milieu de conductivité électrique de 0,01 S/m, pour une cavité de section carrée de taille $d = 0,25$ m pour différentes profondeurs h sont présentées sur la figure 2.14. Celles pour une cavité de taille $d = 3$ m sont sur la figure 2.15. Sur chacune de ses traces, le point de la réflexion sur le toit de la cavité, d'amplitude maximale est repéré et quantifié. Dans la figure 2.16, nous présentons, pour un signal source Ricker de fréquence centrale 500 MHz, l'amplitude maximale de la réflexion sur le toit de la cavité en fonction de sa profondeur h, de sa taille d et pour les deux milieux $\sigma = 0,01$ S/m et $\sigma = 0,001$ S/m. Comme attendu, pour une taille de cavité donnée, l'amplitude maximale de la réflexion sur le toit de la cavité diminue quand la conductivité électrique du milieu extérieur augmente.

Pour une conductivité électrique donnée, l'amplitude diminue aussi quand h augmente. Par contre, pour une profondeur h donnée, l'amplitude maximale de la réflexion augmente

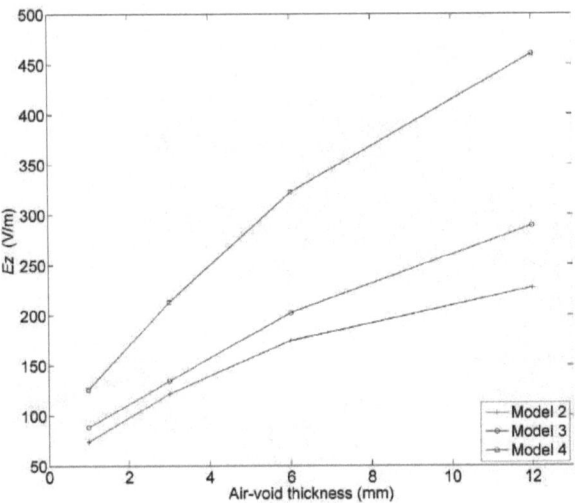

FIGURE 2.13: Amplitude maximale de l'onde réfléchie par une couche mince à différentes profondeur (2.33 m pour le modèle 2, 1.4 m pour le modèle 3, 0.46 m pour le modèle 4) en fonction de l'ouverture de la couche en mm (d'après Diamenti et Giannopoulos, 2008).

avec la taille de la cavité d, jusqu'à atteindre un maximum, pour ensuite diminuer jusqu'à la valeur attendue pour une réflexion sur une couche non mince. Ces deux effets se compensent et la figure 2.17 présente les valeurs de d en fonction de h pour lesquelles le maximum est observé. La courbe obtenue est modélisée par l'équation

$$d = 49,83 \log(h) - 14,7, \qquad (2.1)$$

où d et h sont exprimés en centimètres. Ces expériences numériques ont été répétées pour une onde incidente de fréquence centrale 800 MHz et une autre fois pour 100 MHz et la relation semble être indépendante de la fréquence. Par ailleurs, elle est aussi indépendante de la conductivité électrique du milieu extérieur.

2.2.3 Conclusion

Cette étude nous a permis de mettre en évidence que la détection de cavités à section carrée par mesures radar de surface n'était pas uniquement liée à la profondeur de la cavité et à l'atténuation du milieu ambiant mais aussi à sa taille. La taille donnant une réflexion d'amplitude maximale en surface dépend de la profondeur de la cavité. Lorsque la cavité est suffisamment grande ($d > \lambda/4$) l'amplitude de la réflexion est celle que l'on

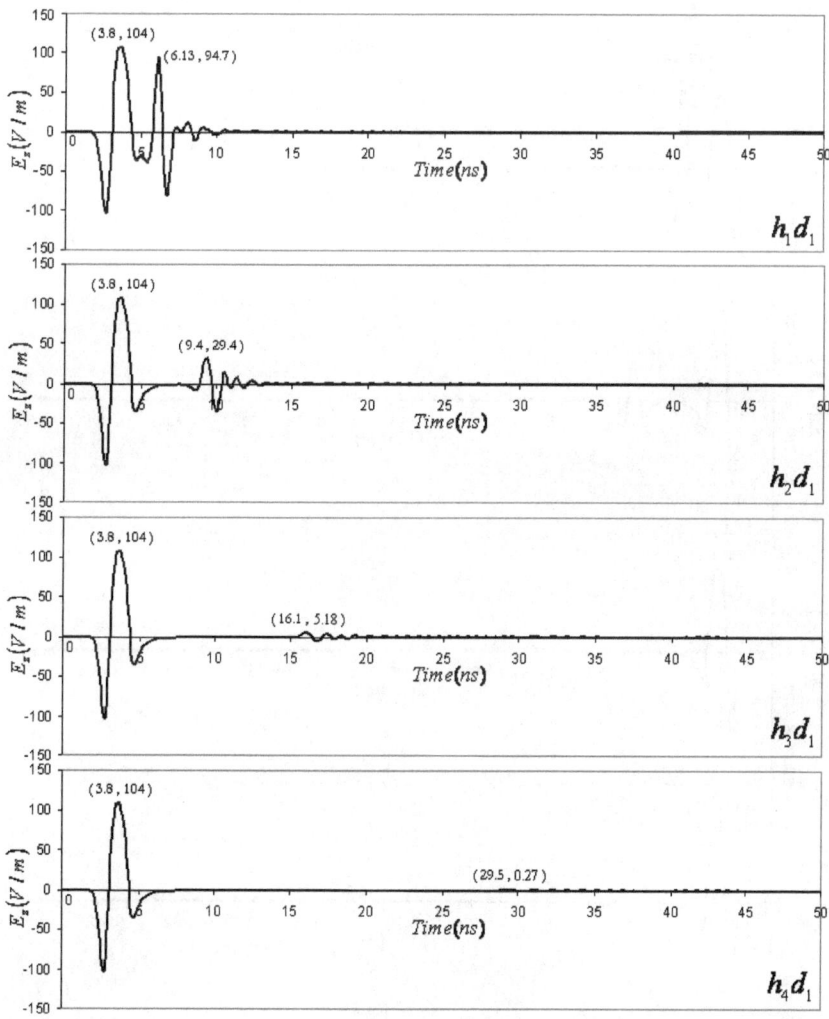

FIGURE 2.14: Traces simulées à 500 MHz dans un milieu de conductivité électrique de 0,01 S/m pour une cavité de section carrée de taille $d_1 = 0,25$ m pour différentes profondeurs $h_1 = 0.25$ m, $h_2 = 0.5$ m, $h_3 = 1$ m et $h_4 = 2$ m. Les points d'amplitude maximale sont indiqués entre parenthèses à coté de chaque trace.

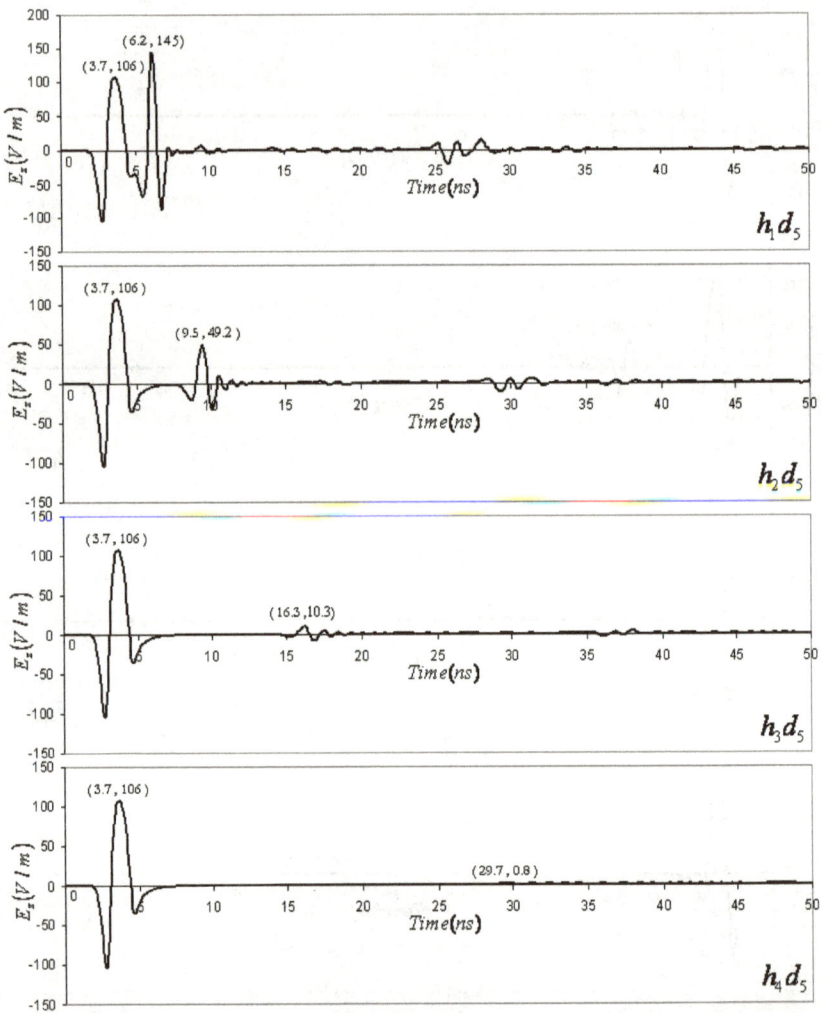

FIGURE 2.15: Traces simulées à 500 MHz pour une cavité de section carrée de taille $d_5 = 3$ m pour différentes profondeurs $h_1 = 0.25$ m, $h_2 = 0.5$ m, $h_3 = 1$ m et $h_4 = 2$ m. Les points d'amplitude maximale sont indiqués entre parenthèses à coté de chaque trace.

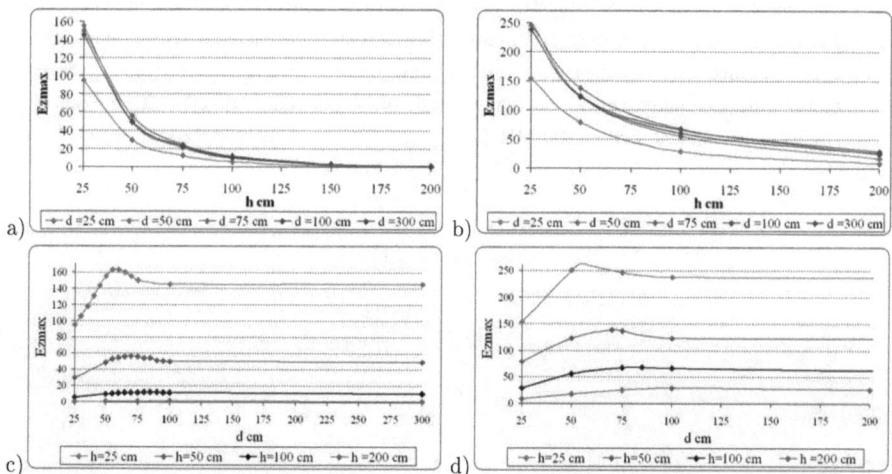

FIGURE 2.16: Amplitude maximale de l'onde réfléchie par une cavité carrée à 500 MHz, pour deux milieux de conductivité électrique différente (0,01 S/m à gauche et 0,001 S/m à droite). En a) et b), l'amplitude varie en fonction de la profondeur de la cavité h. En c) et d), l'amplitude varie en fonction de la taille d de la cavité.

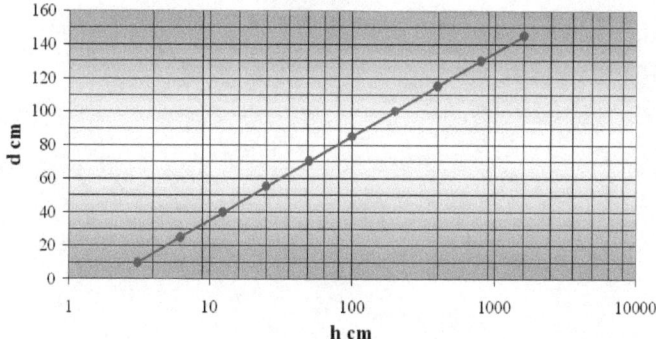

FIGURE 2.17: Taille de cavité d pour laquelle l'amplitude de l'onde réfléchie est maximale en fonction de sa profondeur h.

aurait dans un milieu bi-couche. Lorsque la taille de la cavité décroît, l'interférence entre l'onde réfléchie sur le toît et celle sur le fond de la cavité résulte en une augmentation de l'amplitude totale. Cet effet compense celui de l'atténuation et il existe une taille optimale, donnée par l'équation 2.1, indépendante de la conductivité électrique et de la fréquence (indépendance vérifiée seulement pour un signal source de type Ricker centré successivement sur 100, 500 et 800 MHz).

Chapitre 3

Études de cas

Dans ce chapitre, nous présentons deux applications du radar de sol pour la détection de cavités. Premièrement, une prospection radar de sol dans l'église paroissiale de Sainte-Mesme, petit village aux alentours de Dourdan dans les Yvelines, a permis la découverte d'une seconde salle souterraine qui avait été oubliée. Cette découverte a donné lieu à une prospection archéologique qui a conclus sur l'utilisation de ces salles comme des pourrissoirs au XIVième siècle. Dans cette prospection géophysique, il a été fait des mesures multi-déports pour tenter de mettre en évidence l'inversion de polarisation sur la première réfléxion sur le toit de la cavité. Le résumé étendu inclus dans ce chapitre a été accepté au 7ème Worshop International sur la technique radar d'auscultation, IWAGPR 2013, qui se déroulera à Nantes du 2 au 5 juillet 2013.

Deuxièmement, l'acquisition et l'interprétation de vingt profils radar de sol dans un champ agricole dans la région de Krzemionki en Pologne, a confirmé l'existence de galeries souterraines résultant de la prospection de bancs de silex dans le calcaire par les hommes du néolithique. Le résumé étendu inclus dans ce chapitre est celui d'une présentation orale donnée à la 14ème conférence internationale sur le GPR (GPR 2012) qui s'est déroulée à Shanghai, Chine, du 4 au 8 juin 2012.

Il a été placé en annexe, deux autres études de cas radar : la première (Annexe A) a été menée dans l'église Saint-Ours à Loches pour tenter de positionner le caveau de Ludovic Sforza. La deuxième (Annexe B) a été faite dans l'église de Louville-la-Chénard, pour déterminer la possible existence d'une cavité derrière un mur dans une chapelle funéraire.

3.1 Les cryptes de Sainte-Mesme

The discovery of a forgotten vault in the church of Sainte-Mesme (Les Yvelynes)

N. Boubaki, E. Léger and A. Saintenoy

UMR IDES 8148, CNRS - Université Paris Sud, Faculté des Sciences, Bâtiment 504, 91405 Orsay Cedex

Abstract – **A Ground-Penetrating Radar (GPR) prospection was carried out to sound the ground of the church of Sainte-Mesme, a village near Dourdan in France. This church was chosen because of the presence of a known underground vault in its south part. We tested the ability of determining the presence of a cavity from amplitude versus offset anomaly observed on multi-offset profile. During the acquisition, the GPR survey gave evidences of another forgotten underground vault in the main choir. Posterior to this discovery an archaeological study was performed in the opened vaults which concluded to the use of both underground rooms in the XIVth century.**

Keywords : Ground-Penetrating radar, cavity, archaeology

I. INTRODUCTION

The detection of underground cavities below buildings is an important topic for archaeologists as well as for safety reasons. Several geophysical non-invasive techniques exist for cavity detection : microgravity (Patterson et al., 1995), electrical resistivity tomography (Orlando, 2013), seismics (Grandjean and Leparoux, 2004) and GPR (Barilaro et al., 2007; Boubaki et al., 2011; Boubaki et al., 2012). Geophysical surveys inside buildings are not always possible with those methods even if some device adaptation are possible as using a capacitive-coupled resistivity sys-

tem (Neukum et al., 2010) to make electrical resistivity tomography. To prospect for shallow targets, GPR is easy to use inside buildings as in (Barilaro et al., 2007), using shielded antennas, as it is a non destructive method. Reflections on side walls exist but they are attenuated by the antenna shielding and do not prevent from detecting targets in the ground.

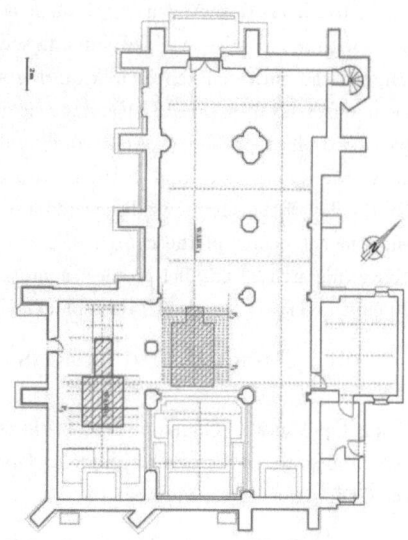

FIGURE 3.1: Plan of the Sainte-Mesme church with localisation of all acquired GPR profiles (red lines), the detailed pseudo-3D acquisition and the underground vaults (in green the known vault, in blue the discovered vault).

Knowing the presence of an underground vault in Sainte-Mesme church, we decided to survey its floor to test the GPR alone for cavity detection and the estimation of the cavity dimensions. For the latest, three techniques are tested : multi-offset profiling, migration and hyperbola fitting. Those different methods are applied on simulated radargrams and GPR data acquired on the floor of the church.

II. SITE OF INVESTIGATION AND INSTRUMENTATION

Sainte-Mesme is a small town near Dourdan, a town from the French department Les Yvelines in Ile-de-France. Some archaeologists let us know about an underground vault in the south chapel of the church. In the idea of testing our ability to detect underground cavities inside buildings we conducted a GPR survey using a Mala equipment with a 500 MHz shielded antenna set. We mapped the entire church floor acquiring some mono-offset profiles (Fig. 3.1) and we acquired two multi-offset profiles (WARR configuration) above the known vault and in the central alley. On the day of the survey we discovered a second vault in the center of the church. We acquired above this area 23 parallel profiles separated by 20 cm to create a pseudo-3D data block.

III. NUMERICAL SIMULATIONS

Using GprMax2D (Giannopoulos, 2005), some simulations are performed to better understand the GPR signal obtained above the vaults.

First we simulate a multi-offset profile supposing a 0.4-m thick layer of electromagnetic velocity 0.13 m/ns (corresponding to a relative dielectric permittivity of 5.32) and an electrical conductivity of 0.02 mS/m, over a 2.4 m thick layer of air. With this model we wish to illustrate an Amplitude Versus Offset (AVO) effect coming from the Fresnel reflexion coefficients.

The electromagnetic wave travel through the 0.4 m thick layer, and arrive to the boundary bet-

ween the bulk material and the air, with an incident angle θ_i. According to Snell-Descartes law one part of the energy will be transmitted down to the air, the other part being reflected back. The continuity of Maxwell equations on boundaries gives us relations between transmitted and reflected fields (Born and Wolf, 1999). Working in electrical transverse mode (antennas are parallel to the ground, thus to the boundaries), we obtain the following expression for the reflection coefficient R, the ratio between reflected and incident fields,

$$R = \frac{\sqrt{\varepsilon_1}\cos(\theta_i) - \sqrt{\varepsilon_2}\sqrt{1 - \frac{\varepsilon_1}{\varepsilon_2}\sin^2(\theta_i)}}{\sqrt{\varepsilon_1}\cos(\theta_i) + \sqrt{\varepsilon_2}\sqrt{1 - \frac{\varepsilon_1}{\varepsilon_2}\sin^2(\theta_i)}} \ , \ (3.1)$$

with θ_i the incident angle, ε_1 the relative dielectric permittivity of the first media (in our case, $\varepsilon_1 = 5.32$), and ε_2 the relative dielectric permittivity of the second media (in our case, $\varepsilon_2 = 1$). In our example, $\varepsilon_2 < \varepsilon_1$ induces a critical angle $\theta_c = \sin^{-1}\left(\sqrt{\frac{\varepsilon_1}{\varepsilon_2}}\right)$ from which all the incident energy will be reflected. For incident angles greater than θ_c the reflexion coefficient R becomes complex (Eq. 3.1). Whereas its amplitude will be equal to unity, its real part is expressed as

$$Real(R) \ = \ \frac{\varepsilon_1\cos(2\theta_i) + \varepsilon_2}{\varepsilon_1 - \varepsilon_2} \ . \qquad (3.2)$$

In the WARR configuration, the offset can be computed by the geometrical relation, $X = 2d\tan\theta_i$, where d is the thickness of the top layer. Figure 3.2 shows the real part of the reflection coefficient as a function of the offset. Related to the complex form of the reflected coefficient, the wave will undergo a phase shift, due to the refraction of the incoming waves. This phase shift is of 90° when the real part of the reflection coefficient is 0, obtained for the particular offset $X_p = 2d\tan(\cos^{-1}(\frac{\varepsilon_2}{2\varepsilon_1}))$. With our numerical value, $X_p = 0.97$ m. The phase shift is visible on the reflection underlined in red in Fig. 3.3.

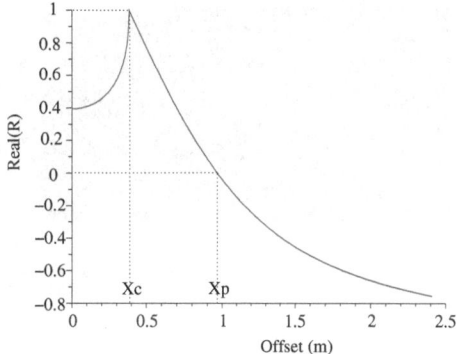

FIGURE 3.2: Real part of the reflection coefficient, with the offset X, related to the incident angle θ_i. X_c corresponds to the offset at the critical angle θ_c, and X_p corresponds to the offset for which $Real(R) = 0$.

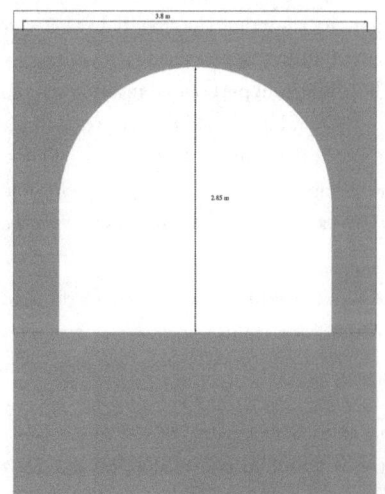

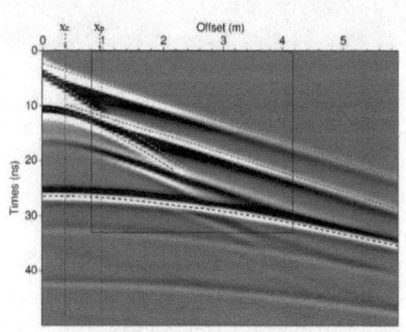

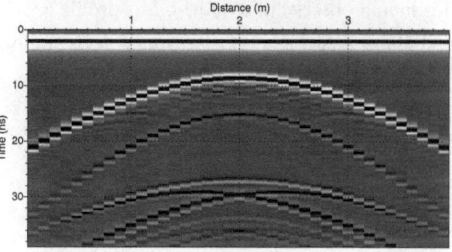

FIGURE 3.4: Model (top) used to numerically simulate the radargram (bottom) over an empty vault.

FIGURE 3.3: Simulation of one multi-offset profile. The maxima of the wavelet related to the direct air wave is underlined in green. Those related to the direct ground wave, in yellow, the refracted wave after the critical offset X_c, in pink, the reflection on the roof of the cavity is in red and the reflection on its floor is in blue. The wave reflected on the roof, in red, is subject to some phase shift especially noticeable around the distance X_p. The black box indicates the position of the data shown in Fig. 3.8.

As a second set of simulations, we computed one radargram acquired above a 2D model designed to represent the vault shape (Fig. 3.4). The surrounding medium is assigned a relative permittivity of 5.32 and the electrical conductivity is set to 0.02 mS/m. We tested two data processing techniques to determine the size of the vault on this simulated radargram, supposing we know the electromagnetic wave velocity from a multi-offset profile : i) migration was uneasy because of the 2D distribution of the velocity. The reflection on the vault floor is not correctly migrated. One multiple reflection of the roof of the cavity is clearly visible inside after the primary reflection ; ii) assuming the first reflection coming from a cylindrical object inside a medium of velocity 0.13 m/ns, hyperbola adaptation using REFLEXW (Sandmeier, 2007) gives an estimate of the radius of the object to be 1.5 m. This technique seems more promising but it relies on the accurate estimation of the top layer velocity.

From those simulations, we conclude that in prospecting for cavities below the ground with GPR, we should i) survey the floor using a mono-offset configuration, looking for areas presenting strong reflections in the radargrams, ii) acquire multi-offset profiles above those anomalous zone (when they are large enough to do so). In theory, we should observe in a multi-offset profile acquired above a cavity a phase reversal of the reflection on the cavity roof.

IV. GPR survey results

The mono-offset profile in Fig. 3.5 was acquired across the discovered northern crypt body (see Fig. 3.1 for profile localisation). The comparison between the simulated radargram (Fig. 3.4) and the acquired one (Fig. 3.5) gives a clear interpretation of the acquired profile. The reflection on the floor-air interface is clearly visible. A light reflection (almost as a shadow) appears 4 ns above this one. It can be interpreted as the reflection on the masonry of the crypt.

Fig. 3.6 shows a mono-offset profile acquired across the entrance of the northern crypt. The pseudo 3D data block of Fig. 3.7 helped us to understand the crypt configuration with its entrance position, reported as the blue area on Fig. 3.1.

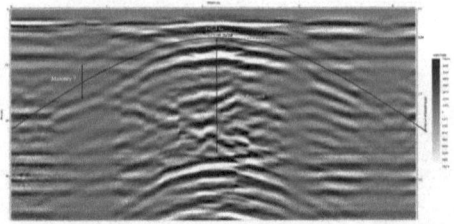

FIGURE 3.5: Radargram acquired across the North vault (P1) using .

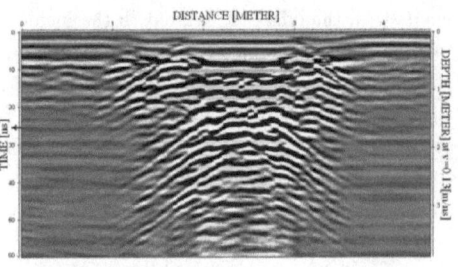

FIGURE 3.6: Radargram acquired across the entrance of the North vault (P2).

The multi-offset profile acquired above the South vault is shown in Fig. 3.8. Unfortunately, using shielded antenna the smallest offset we could get is 0.8 m. With this smallest offset it is quite difficult to interpret the first reflection and its eventual phase shift. However, comparing with the simulated radargram of Fig 3.3, we estimated the electromagnetic velocity of the top layer to be 0.13 m/ns. Supposing this velocity, the reflection on the top of the vault observed in Fig. 3.5 is fitted by an hyperbola coming from a 1.3 +/- 0.2 m radius cylinder. This hyperbola fits well the right part of the crypt roof but not its left part, where its geometry seems to be different than a cylinder. The top layer is 0.34 m thick and the vault height is estimated to 3 m.

White areas related to reflexions on the roof of the cave

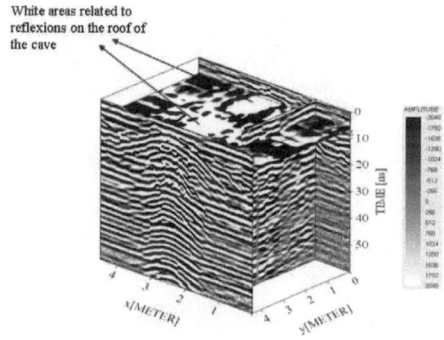

FIGURE 3.7: 3D view of all the radargrams.

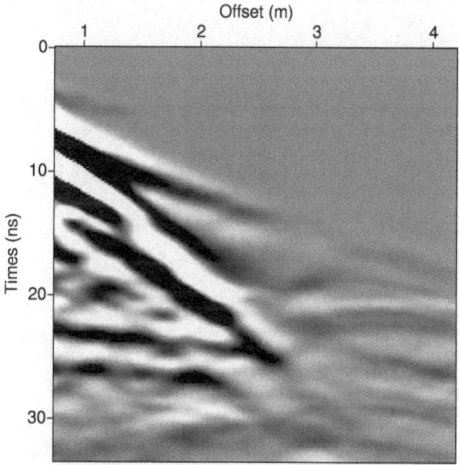

FIGURE 3.8: Multi-offset profile acquired on the floor of the church above the South vault (referred as WARR2 in Fig 3.1).

our real data (we will repeat those measurements with smallest offset), this survey gave evidences for the presence of a vault in the center part of the church. The size of the vault has been estimated from GPR analysis using hyperbola adaptation technique to be under a 0.34 m thick layer, including the crypt masonry, with an inside height of 3 m and width of 2.6 +/- 0.4 m. The entrance of the vault was indicated on the radargrams. One year after following its discovery, the vault has been opened and an archaeological study was done (Charlier et al., 2009). Its width was measured to 2.8 m and its maximum height to 3 m (see Fig. 3.9). The archaeological study concluded on some different uses of the vaults, the oldest one being for corpse disposal in the XIVth century.

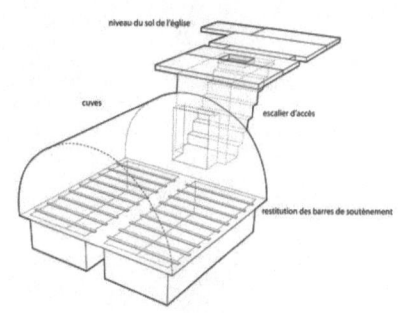

FIGURE 3.9: Schema of the discovered vault (from Charlier et al., 2009).

V.CONCLUSIONS

We numerically investigated an amplitude versus offset phenomenon when doing some GPR bistatic acquisition above a cavity embedded in an homogeneous ground. We showed results from a GPR survey conducted in the church of Sainte-Mesme. Whereas the AVO is not easy to see in

ACKNOWLEDGMENT

We warmly thank Mr Giganon for introducing us to Louis Dejean, president of the association AHASM, as well as Dr Charlier to letting us know about the results of his archaeological study.

3.2 Galeries du néolithique (Pologne)

Ground-penetrating radar prospection over a gallery network resulting from neolithic flint prospection (Borownia, Poland)

N. Boubaki[1], A. Saintenoy[1], S.Kowlaczyk[2], R. Mieszkowski[2] F. Welc[3] J. Budziszewski[3] and P. Tucholka[1]

[1]UMR IDES 8148, CNRS - Université Paris Sud, Faculté des Sciences, Bâtiment 504, 91405 Orsay Cedex
[2]Institute of Hydrogeology and Engineering Geology, Faculty of Geology, University of Warsaw, Al. Zwirki i Wigury 93, 02-089 Warsaw, Poland
[3]Institute of Archaeology , Cardinal Stefan Wyszynski University in Warsaw, St. Woycickiego 1/3, no. 23, 01-938 Warsaw, Poland

Abstract – **A Ground-penetrating radar has been used to map a 100 square-meter area suspected to be above a network of galleries remaining from flint prospection during the neolithic period. Twenty profiles have been acquired. Their interpretation gives evidence for banded flint layers dipping to the north, and remaining underground galleries.**

Keywords-component; cave archaeology, flint, geophysical prospection, GPR survey.

I. INTRODUCTION

Krzemionki is an area in Poland (Fig. 3.10) presenting many remains of flint mines. In Neolithic and Bronze Age times (about 4000-1500 B.C.) people dug some mines to get at a beautiful banded flint, used mostly to make flint axes (chipped then ground), spotted flint for large core blades, and chocolate flint for axes and bifacial tools. There are above four thousand of mines shafts in this area. Some are simply pits while others consist of a vertical shaft that penetrates the limestone to a level where there are large flat nodules of flint. Once this was reached (sometimes as much as 9 meters below the ground surface) drifts were dug in a radial pattern from the shaft.

These drifts (55 to 120 cm in height) followed the flint layer and expanded into low chambers (Fig. 3.11). Some of these have been scientifically excavated and were found to contain numerous antler picks, other digging tools, and ingenious methods of ventilation and lighting. The depth of mines depends on the flint location. More information can be found on different web sites as http ://en.wikipedia.org/wiki/Krzemionki and http ://www.primtech.net/flint/poland.html.

Krzemionki site is similar to Grimes Graves flint mines in eastern England and a site close to Falaise in France. The polish flint site is the largest in its extension. The mining area is 4.5 km long and 25 to 180 m wide and covered 78.5 ha. The flint mining in Krzemionki began to decline at least since 1800-1600 B.C. Archeology studies began in 1922 and in 1967 the Krzemionki mines were stated as archeological reserve and in 1995 as natural reserve. Archeological information can be found in Borkowski and Budziszewski (1995).

Ground-Penetrating Radar (GPR) is a geophysical method using electromagnetic (EM) waves to prospect underground. The tool description and many examples of its applications are described by Davis and Annan (1989) and Sagnard and Rejiba (2010). EM wave propagation de-

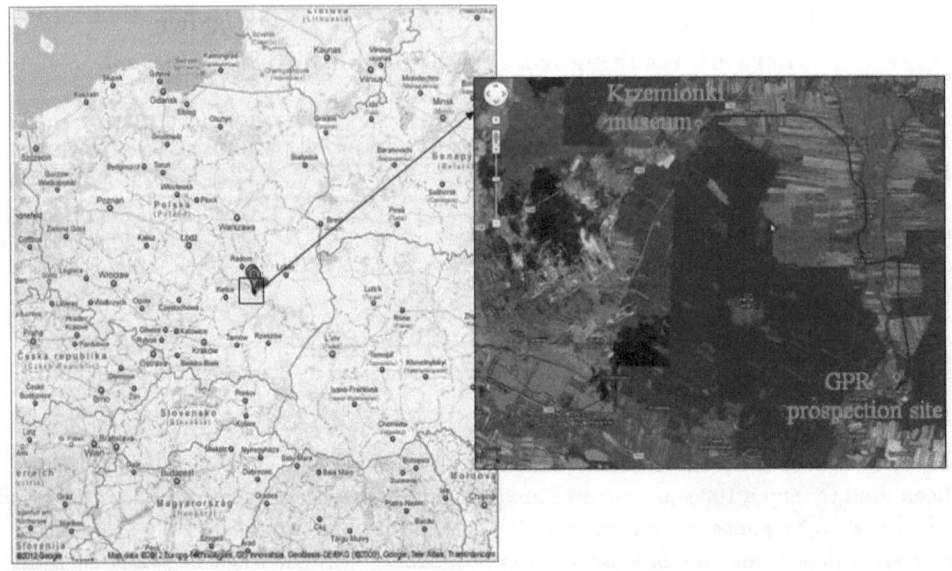

FIGURE 3.10: Krzemionki flint mines localisation in Poland.

FIGURE 3.11: Vertical shafts and radial galleries created by neolithic man for flint excavation (coming from the musem at Krzemionki).

pends on EM parameters of the sounded medium. Massive limestone is known to be a medium not too absorbing for EM wave. Different GPR prospections have been carried out on over such a medium. Henson et al. (1997) studied one GPR line over a karstic environment doing some precise velocity analysis using common-midpoint data. Martinez et al. (1998) used GPR with a 500 MHz antenna to analyse the first 3 to 4 m part of a petroleum-reservoir-analog limestone unit. Chamberlain et al. (2000) demonstrated the GPR with a 100 MHz antenna to be an effective method for detecting caves in limestone down to a depth of 20 m. El-Qady et al. (2005) imaged the path of two adjacent caves in the first 7 m in limestone doing a 3D acquisitions with a 200 MHz GPR system. In those two last studies, adjacent profiles were acquired to make a 3D localisation of the caves. A preceding GPR study has been carried out on Krzemionki site in 1983 (Borkowski, 1990). They used a SIR system emitting a 80 to 100 MHz EM wave. They discovered underground works down to 8 to 10 m and their geophysical data analysis was confirmed by excavations.

In this study, we investigated an area close to Borownia, 12 km south from Krzemionki (Fig. 3.10), where archaeologists suspect flint mine remains, underground of a plot field. They argue that many caves resulting from the neolithic flint prospection remain undiscovered because they do not reach the ground surface or because their entrances are obscured by unconsolidated surface deposits. Several GPR profiles were acquired parallel to each other to cover an area of 100x150 m2. Additional 500 m long profiles were acquired next to this area. We made some numerical simulations to help us with GPR data interpretations.

II. GPR DATA

We acquired in June 2011, fifteen 100-m long GPR mono- offset profiles parallel to each other with 10 m in between them (Fig. 3.12). Additional 500 m long profiles were acquired next to this area for comparison. GPR data were acquired using the system RAMAC with 250 MHz antenna. Data were collected in continuous mode with readings every 5 cm. Each trace consists of 1008 samples (stack 8) adding to a 223 ns time window. Basic processing was applied to those data using ReflexW (Sandmeier, 2007). De-wow filtering was applied first, then data were bandpass filtered in between 7 and 800 MHz for noise reduction. Time-zero was set to the arrival time of the maximum of the direct air wave and each profile was cut at 200 ns. For better visualization, we gained the amplitude using an energy decay gain and we substracted the average trace

inside a running window of 50 traces. The first four processed radargrams are shown Fig. 3.14.

III. NUMERICAL SIMULATIONS

To interpret our GPR data, we simulated radargrams using GprMax which solves Maxwell's equations using the finite- difference time-domain method (Giannopoulos, 2005). EM parameters describing each medium were chosen according to published work (Davis and Annan, 1989).

We simulate a radargram acquired above galleries with rectangular section connected like on Fig. 3.13. Dimensions were chosen from gallery descriptions like in Fig. 3.11. It shows the complexity of the radargrams due to the high difference of EM wave velocity between air and limestone. Reflections on entrances are not spatially linked to reflections on the top of the horizontal gallery. Even in this simple model many hyperbolas appear resulting from edge diffractions. In our model the limestone is low-loss and multiple reflections are distinguishable. In reality we suspect that some galleries are filled with boulders remaining from the excavation. Those boulders would be a source of additional scattering compared to the simplified model presented in Fig. 3.13.

IV. GPR DATA INTERPRETATIONS

From hyperbola fitting using ReflexW software, we determined a radio wave velocity of 0.1 m/ns on the average. Using this velocity, the two-way travel time axis is converted to a depth axis and coherent signal is visible coming from down to 7 m. This depth of penetration is quite good considering that we are using 250 MHz antenna. Helped by our simulations, our interpretation of four GPR profiles is shown on Fig. 3.14. Dipping reflectors are interpreted as reflection on flint veins. On a profile acquired in an adjacent

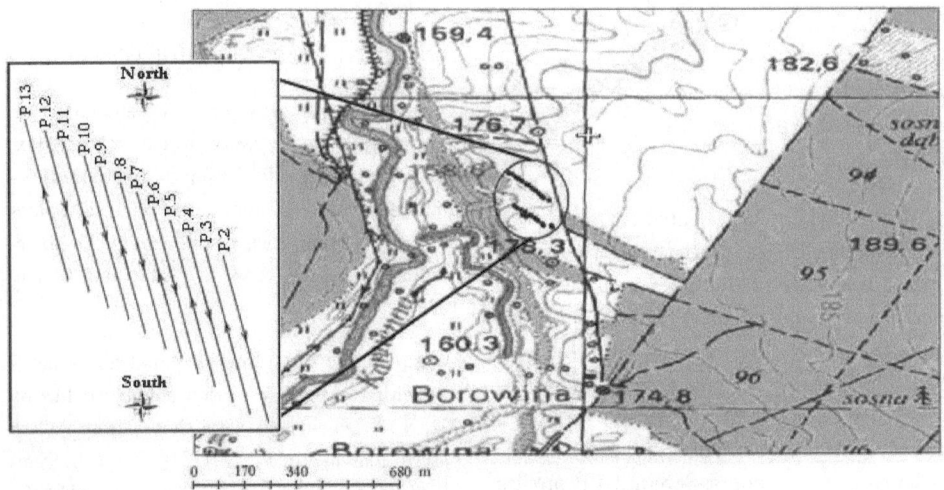

FIGURE 3.12: Location of the study area in the sedimentary basin of BOROWNIA, positioning of the radar profiles acquired in the site.

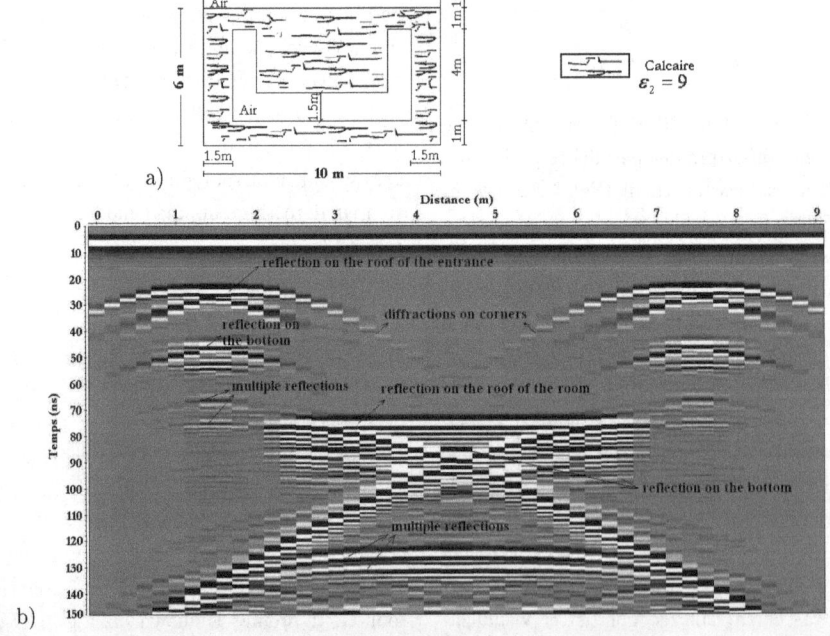

FIGURE 3.13: a) Model and b) simulated radargram.

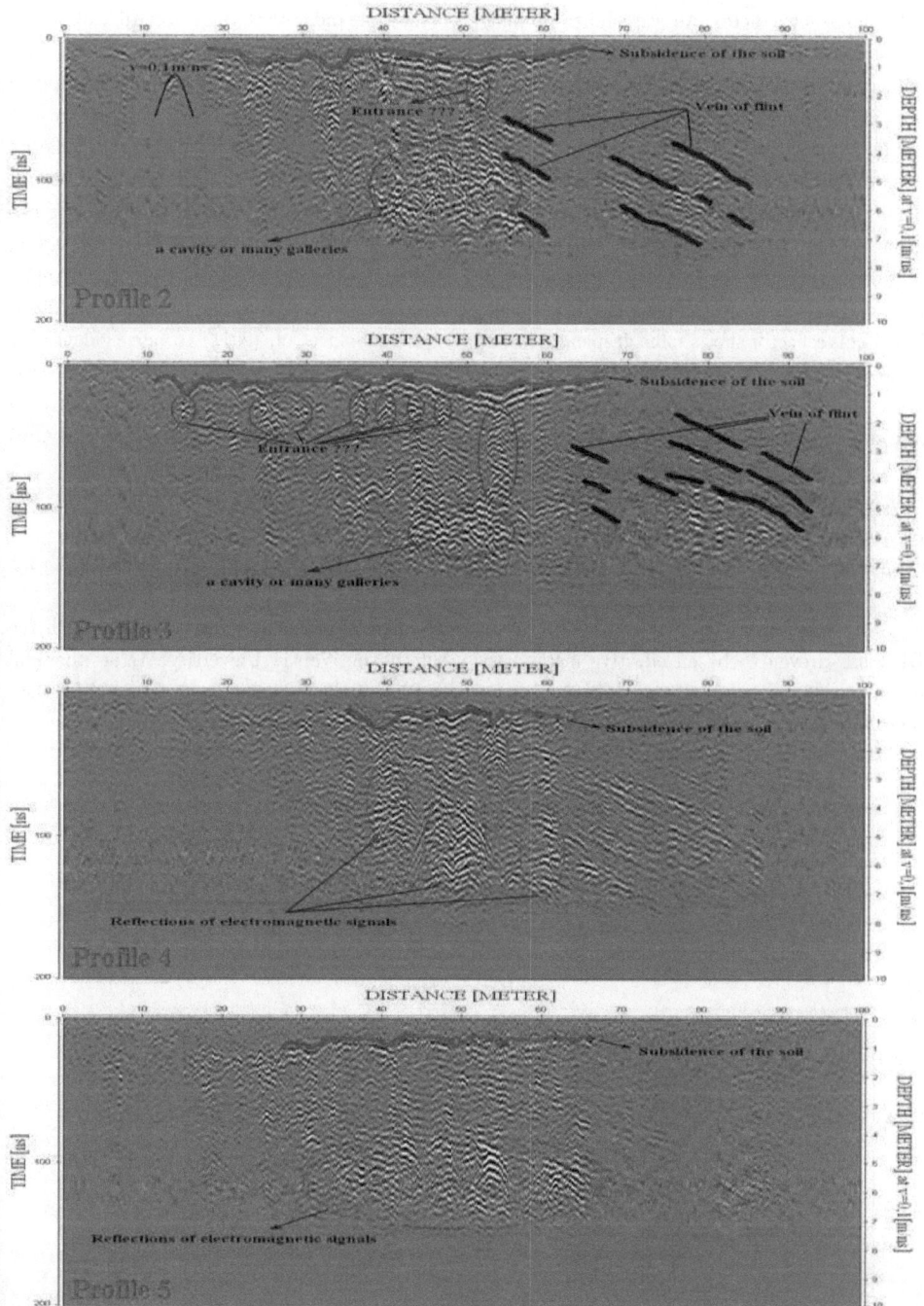

FIGURE 3.14: Four profiles acquired over the suspected underground cavities showing main interpreted features.

field (not shown here), we see similar dipping events to the North. Profiles of Fig. 3.14 present numerous zones of high scattering that we interpret as underground galleries. A 3D visualization of 10 profiles (Fig. 3.15) confirms the lineament of the zone of scattering in a direction NW-SE in the continuity of the forest represented in green on Fig. 3.12. On Fig. 3.14, we underline in green a reflector whose depth varies about 1 m. It might come from the bottom of the tillage layer. This reflector shows some deepening above some diffraction hyperbolas like at 55 m on profile 3 (Fig. 3.14). It is tempting to interpret this as a surface subsidence above a gallery entrance. Such an interpretation is encouraged by the fact that each deflection of the green reflector is correlated to the presence of some hyperbolas underground.

V. CONCLUSIONS

GPR has proven to be an effective method to investigate the structure of the subsoil in limestone, with a depth of penetration of 7 m. A zone of multiple radar scattering was visible on 10 adjacent profiles with an alignment NW-SE. Numerical simulations help us to interpret dipping reflectors as coming from flint veins and we suspect the scattering zone to come from galleries remaining from the Neolithic flint excavations. No excavations were undertaken yet at the Borownia site to confirm our GPR interpretation. Although some electrical resistivity tomography could be undertaken as in El Qady et al. (2005) and Boubaki et al. (2011) to add evidence for underground mining remains, we are confident enough in our interpretation of the GPR data to consider further investigations on the area to map the spatial extent of the Neolithic flint mines.

ACKNOWLEDGMENT

The field experiment could take place with the help of the Warsaw University. We are thankful to Piotr Ziólkowski and Jerzy Trzcinski for their help for the data acquisition.

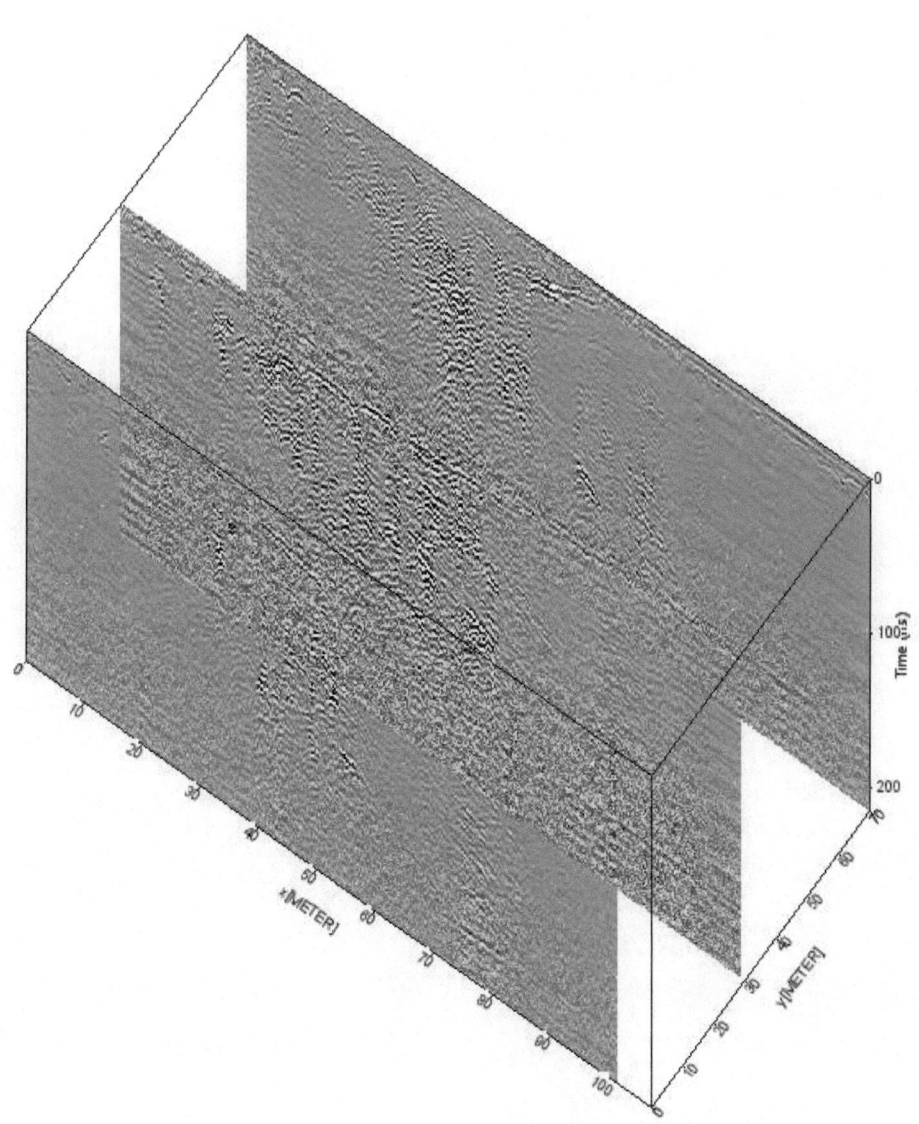

FIGURE 3.15: 3D visualisation of 3 GPR profiles.

Deuxième partie

Apport des mesures de résistivité électrique

Chapitre 4

Présentation de la tomographie électrique

La tomographie de résistivité électrique est une méthode géophysique qui permet d'imager en 2D ou 3D les variations de résistivité électrique du sous-sol en fonction de la profondeur. C'est une méthode très utilisée pour les prospections géophysiques durant les 60 dernières années. Elle se met en place à différentes échelles, de celle de la structure géologique kilométrique, à celle du laboratoire, décimétrique. Les applications de l'imagerie électrique dans la littérature sont multiples : détection de cavités ou de fractures en milieux karstiques (Militzer et al., 1979; Szalai et al., 2002; Nguyen et al., 2005), détection de structures archéologiques (Papadopoulos et al., 2006; Papadopoulos et al., 2007; Drahor et al., 2008), localisation et estimation des directions et vitesses d'écoulements des eaux souterraines et des transports de contaminants (White, 1994; Barker and Moore, 1998), suivi de migrations de polluants et d'eaux salées en milieux côtiers dans le soussol (Bevc and Morrison, 1991; Mesbah, 1998; Chambers et al., 1998; Oldenborger et al., 2007; Monego et al., 2010).

Dans cette partie nous présenterons brièvement les lois physiques utilisés dans cette méthode, la grandeur physique mesurée, et les différentes configurations de mesures utilisées. Nous finirons par leur utilisation dans le cadre de la prospection de cavités dans le sous-sol.

4.1 Champs, courant et résistivité électrique

La résistivité électrique ρ correspond à la capacité d'une roche ou d'un sol à résister à la circulation d'un courant électrique d'intensité I par unité de volume plus ou moins hétérogène et anisotrope (Rey et al., 2006). Elle se définie comme le rapport entre la différence de potentiel V mesurée aux extrémités d'un cylindre (Fig. 4.1) de section S et de longueur l, et l'intensité I du courant électrique, c'est-à-dire

$$\rho = \frac{S}{l}\frac{V}{I}. \tag{4.1}$$

L'inverse de la résistivité électrique (exprimée en Ohm m) s'appelle la conductivité électrique, noté σ, et s'exprime en S/m. On définit la résistance R du matériau comme

$$R = \frac{l}{S}\rho. \tag{4.2}$$

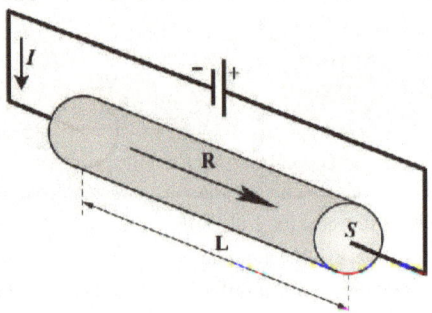

FIGURE 4.1: Schéma illustratif de la résistivité ρ définie à partir d'un courant I circulant à travers un cylindre de résistance R et de surface S.

La mesure électrique est généralement faite en utilisant quatre électrodes (Fig. 4.2). Un courant d'intensité I est injecté dans le milieu par l'intermédiaire de deux électrodes (que l'on appellera C_1 et C_2), et la mesure de différence de potentiel V est effectuée entre les deux autres électrodes P_1 et P_2. En première approximation, le courant est supposé continu, ce qui permet de négliger le déphasage et donc d'assimiler l'impédance du milieu à sa partie réelle, uniquement représentée par sa résistance R. D'après la loi d'Ohm, dans un demi-espace homogène et infini dans lequel est injecté un courant I à partir d'une source ponctuelle, la résistivité est définie pour chaque mesure de potentiel par

$$\rho = k\frac{V}{I}, \tag{4.3}$$

où k est un facteur qui dépend de la disposition des électrodes. Dans la configuration présentée sur la Figure 4.2,

$$k = \frac{2\pi}{\frac{1}{r_1} + \frac{1}{r_2} + \frac{1}{r_3} + \frac{1}{r_4}}, \tag{4.4}$$

où r_1 est la distance entre les électrodes C_1 et P_1, r_2 est la distance entre C_2 et P_1, r_3 est la distance entre C_1 et P_2 et r_4 est la distance entre C_2 et P_2.

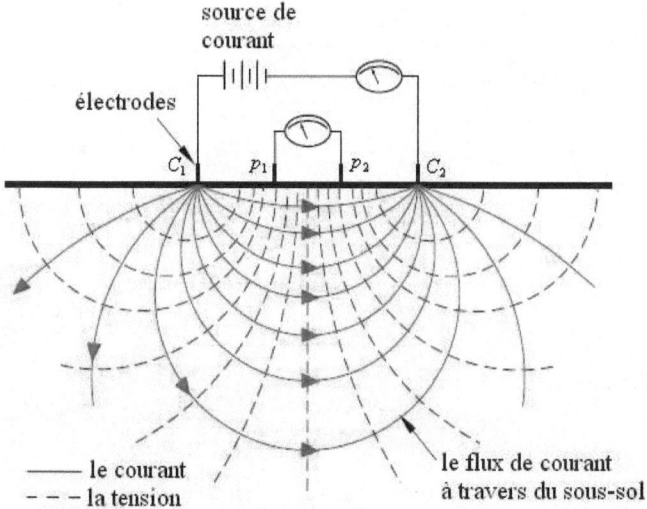

FIGURE 4.2: Dispositif d'électrodes pour la prospection électrique dans un milieu supposé homogène, les lignes de flux de courant (rouge) et les lignes de potentiel électrique égal (bleu) (d'après http ://www.nga.com).

Ainsi, à partir de la valeur du courant injecté I, de la différence de potentiel V et de l'écartement entre les différentes électrodes, la résistivité électrique apparente du sous-sol est calculée. On la nomme résistivité "apparente" car elle correspond à une résistivité intégrant toutes les résistivités d'un volume de sol sondé non homogène. C'est la résistivité apparente que l'on aurait dans un volume de sol homogène équivalent à celui intégrant les éventuelles hétérogénéités. Pour déterminer les variations de résistivité électriques, il suffit de répéter l'acquisition en utilisant les 4 électrodes à des endroits différents et avec des distances inter-électrodes différentes. La profondeur d'investigation dépend de la configuration utilisée, de la distance inter-électrodes et de la distribution de résistivité électrique dans le sol sondé.

4.2 La résistivité électrique des roches

La résistivité électrique est l'une des propriétés physiques des roches avec la plus grande plage de valeurs possibles, allant de $1.6 \ 10^{-8}$ Ωm, pour l'argent, les métaux natifs et le graphite, à 10^7 Ωm pour du basalte, par exemple. La Figure 4.3, donne les valeurs de résistivité des roches communes, des matériaux du sol et des produits chimiques (Lekmine, 2011).

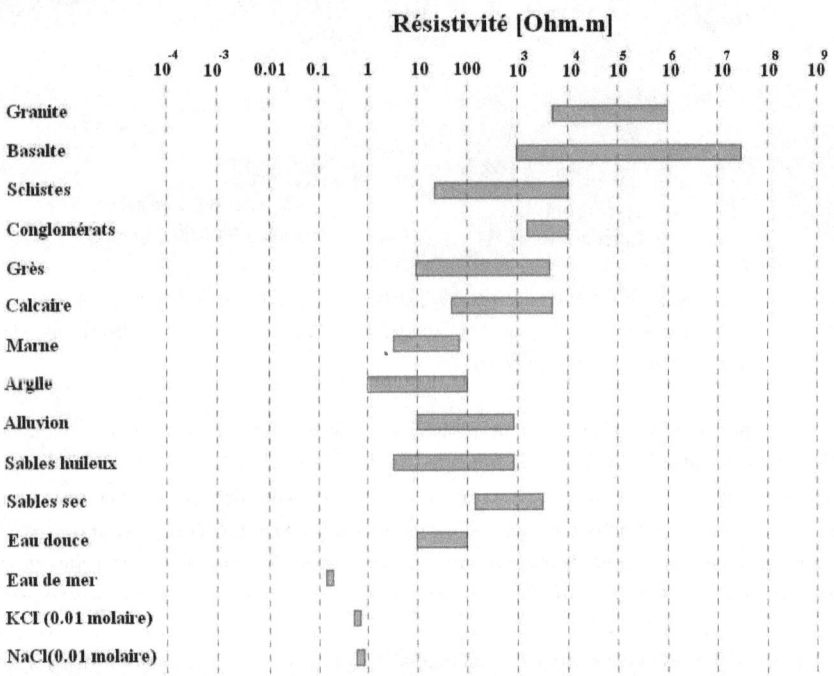

FIGURE 4.3: Gamme de résistivité électrique pour les matériaux géologiques communs (d'après Lekmine, 2011).

La capacité à limiter la propagation du courant est très variable suivant la nature du milieu, sa composition minéralogique et sa teneur en eau. Les roches ignées et métamorphiques ont généralement des valeurs élevées de résistivité. La résistivité de ces roches est fortement dépendante du degré de fracturation, et le pourcentage des fractures remplies avec de l'eau. Les roches sédimentaires, qui sont généralement plus poreuses et ont une teneur plus élevée en eau à l'état naturel, ont normalement des valeurs plus faibles de résistivité.

Cependant, on peut noter les chevauchements entre les valeurs de résistivité des différentes classes de roches et des sols de la Figure 4.3. C'est parce que la résistivité d'un échantillon de roche ou de sol dépend d'un certain nombre de facteurs tels que la porosité, le degré de saturation en eau et la concentration de sels dissous. Par exemple, la résistivité d'un milieu dépend de sa teneur en fluide et de la résistivité de ce fluide et donc de la teneur en ions dissous. Ainsi une eau douce est plus résistante qu'une eau de mer. Les sols argileux sont en moyenne moins résistant que les sols sableux.

Pour convertir une image des variations de résistivité dans le sous-sol en une image géologique, il est important d'avoir une certaine connaissance des valeurs de résistivité typiques pour différents types de matériaux du sous-sol ainsi que d'autres informations a priori comme la géologie de la zone étudiée ou des informations provenant d'autres types de mesures géophysiques ou de points de forages.

4.3   Les différentes configurations de mesures

La configuration des électrodes détermine la sensibilité des mesures à la distribution des résistivités dans les sols. Donc la géométrie utilisée détermine l'information obtenue par la mesure. Typiquement il s'agit de déterminer la configuration la plus adaptée au cas d'étude. Ces géométries sont employées pour le sondage électrique, les traînés et l'imagerie électrique. Plusieurs dispositifs de mesures sont disponibles, Pour les imageries 2D, seules les géométries linéaires sont utilisées : les électrodes sont déployées sur une ligne. Chaque configuration possède ses propres caractéristiques (profondeur d'investigation, nombre de combinaisons possibles, résolution horizontale et résolution verticale). Grâce à différentes combinaisons des positions des électrodes d'injection et des électrodes de mesure du potentiel électrique, il est possible de déterminer la résistivité électrique à différentes profondeurs et dans différentes positions le long du profil d'acquisition. L'espacement entre les électrodes est augmenté pour obtenir des informations sur les couches plus profondes du sous-sol. La Figure 4.4 montre les différentes configurations possibles (Loke, 2004) : trois méthodes Wenner, les méthodes pôle-pôle, dipôle-dipôle, pôle-dipôle, Wenner-Schlumberger et finalement la méthode équatoriale dipôle-dipôle. Le facteur géométrique

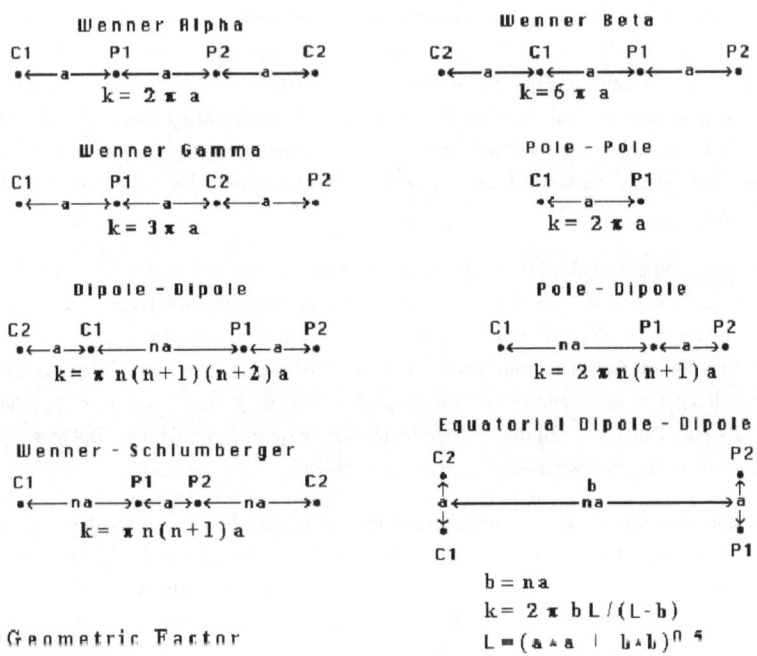

FIGURE 4.4: Différentes géométries d'acquisition de résistivité électrique (d'après Locke, 2004).

k est indiqué pour chacune de ces géométries de mesures.

Pour effectuer sur le terrain une acquisition en 2D, avec l'une ou l'autre de ces configurations, on utilise typiquement un câble multi-conducteur reliant un certain nombre d'électrodes entre elles. Classiquement un espacement constant entre les électrodes adjacentes est utilisé. Le câble multi-conducteur est attaché à une unité de commutation électronique. La séquence de mesures, le type de tableau de mesures et d'autres paramètres sont prédéterminés par l'opérateur. Les mesures sont effectuées et enregistrées automatiquement. La Figure 4.5 montre une séquence de mesures effectuée pour le dispositif de Wenner avec un système à 20 électrodes (Loke, 2004).

Dans cet exemple, les couples d'électrodes de mesure P_1 et P_2 et d'injection C_1 et C_2 sont centrés sur un point commun. La distance inter-électrodes a est fixe et choisie judicieusement pour avoir un maximum de profondeur d'investigation et une résolution adéquate à l'étude du milieu. La première étape consiste à prendre toutes les mesures possibles avec la configuration de Wenner avec un espacement constant entre les électrodes a.

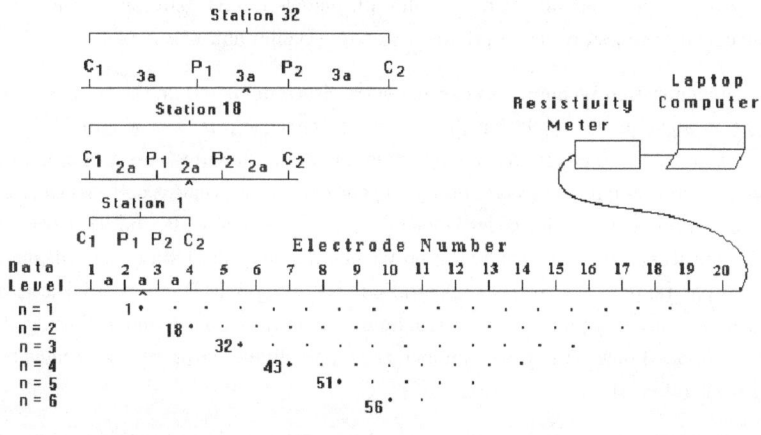

FIGURE 4.5: Principe de construction d'un panneau de mesures de résistivités apparentes pour un dispositif Wenner à 20 électrodes (d'après Loke, 2004).

Pour la première mesure, les électrodes 1, 2, 3 et 4 sont utilisées. Remarquer que l'électrode 1 est utilisée comme la première électrode d'injection de courant C_1, l'électrode 2 comme la première électrode de mesure de potentiel P_1, l'électrode 3 comme la deuxième électrode de mesure de potentiel P_2 et l'électrode 4 comme la deuxième électrode d'injection de courant C_2.

Pour la deuxième mesure, les électrodes numérotées 2, 3, 4 et 5 sont utilisées pour C_1, P_1, P_2 et C_2 respectivement. Cette opération est répétée sur toute la ligne d'électrodes jusqu'aux électrodes 17, 18, 19 et 20 pour la dernière mesure avec l'espacement a. Pour un système avec 20 électrodes, noter qu'il y a 17 (20-3) mesures possibles avec l'espacement a pour la configuration Wenner.

Après avoir terminé la séquence de mesures avec l'espacement a, la séquence suivante de mesures commence avec un écartement inter-électrodes $2a$. Les électrodes 1, 3, 5 et 7 sont utilisées pour la première mesure. Puis les électrodes 2, 4, 6 et 8 sont utilisées pour la deuxième mesure. Ce processus est répété sur toute la ligne jusqu'à ce que les électrodes 14, 16, 18 et 20 sont utilisées pour la dernière mesure avec un espacement $2a$. Pour un système avec 20 électrodes, noter qu'il y a 14 (20-2x3) mesures possibles avec l'espacement de $2a$.

Le même processus est répété pour les mesures avec espacements $3a$, $4a$, $5a$ et $6a$. Pour obtenir les meilleurs résultats, toutes les mesures possibles doivent être effectuées de manière systématique. Ceci affectera la qualité du modèle d'interprétation obtenu à partir de l'inversion des mesures de résistivité apparente (Dahlin and Loke, 1998).

Pour la configuration Wenner, l'écartement entre électrodes détermine la profondeur d'investigation ainsi que les résolutions horizontale et verticale (Slater et al., 1999). Lorsque l'espacement entre les électrodes augmente, le nombre de mesures possibles diminue. Le nombre de mesures qui peuvent être obtenues pour chaque espacement entre les électrodes, pour un nombre donné d'électrodes le long de la ligne d'enquête, dépend de la configuration d'acquisition utilisée. La configuration Wenner donne le plus petit nombre de mesures possibles par rapport aux autres configurations décrites sur la Figure 4.4. La procédure d'acquisition en mode pôle-pôle est similaire à celle utilisée pour le mode Wenner. Pour le mode dipôle-dipôle, Wenner-Schlumberger et pôle-dipôle, la procédure d'enquête est légèrement différente.

4.4 Pseudo-section

La première étape dans l'interprétation des données en tomographie électrique consiste à construire une pseudo-section. La pseudo-section est une carte de résultats qui présente les valeurs des résistivités apparentes calculées à partir de la différence de potentiel mesurée aux bornes de deux électrodes de mesure ainsi que de la valeur du courant injecté entre les deux électrodes d'injection. Toutefois la pseudo-section donne une image qui ne représente pas la vraie distribution de résistivité de la subsurface (calculée par inversion en deuxième étape) mais la distribution des valeurs de résistivité apparente en fonction de l'écartement des électrodes et de la position des quadripôles le long du profil.

La pseudo-section est utile comme moyen de présenter les valeurs de résistivité apparente mesurées sous une forme picturale, et comme un guide initial pour l'interprétation quantitative. Une erreur consisterait à essayer d'utiliser la pseudo-section comme une image finale de la résistivité vraie du sous-sol. Par exemple, pour un modèle de distributions de résistivité dans le sous-sol identique, les pseudo-sections obtenues seront différentes selon la configuration de mesures utilisée, comme illustré dans les modélisations ci-après.

4.5 Simulations de pseudo-sections

Pour tester la possibilité d'identifier des cavités à l'aide de mesures de résistivité électrique, nous avons simulé à l'aide de RES2DMOD les pseudo-sections obtenues avec différentes configurations de mesures au-dessus d'une cavité à section carrée.

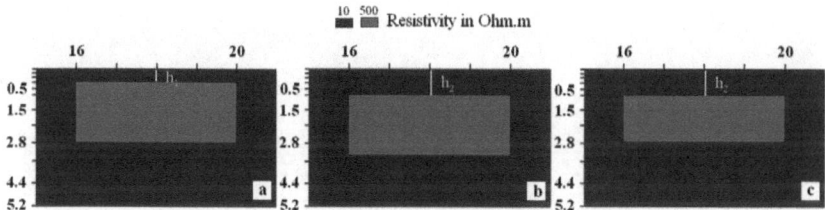

FIGURE 4.6: Les trois modèles utilisés pour modéliser avec RES2DMOD puis tester l'inversion avec RES2DINV avec trois configurations de mesures différentes. a) **Modèle 1** : une cavité de 2.4 m de haut sous une couche de $h_1 = 0.4$ m d'épaisseur. b) **Modèle 2** : une cavité de 2.4 m de haut sous une couche de $h_2 = 1$ m d'épaisseur. c) **Modèle 3** : une cavité de 1.8 m de haut sous une couche de $h_2 = 1$ m d'épaisseur.

Avec le programme RES2DMOD, l'utilisateur peut choisir la méthode des différences finies (Dey and Morrison, 1979) ou la méthode des éléments finis (Silvester and Ferrari, 1996) pour calculer les valeurs de résistivité apparente. Nous avons utilisé la méthode des différences finies.

Nous considérons le premier modèle illustré sur la Figure 4.6. Il consiste en une cavité à section rectangulaire de 4 m d'expansion latérale et 2,4 m d'épaisseur. Le modèle 1 suppose un toit de cavité à une profondeur $h_1 = 0, 4$ m. Il n'est pas possible de prendre une résistivité infinie pour définir la cavité. Nous la modélisons par une résistivité de 500 Ω m, alors que le milieu extérieur est supposé à 10 Ω m. Un dispositif de 36 électrodes espacées de 1 m a été simulé pour différentes configurations de mesures.

Les pseudo-sections calculées pour deux configurations de mesures différentes, Wenner et dipôle-dipôle, sont présentées sur la Figure 4.7. Ces figures illustrent les sensibilités différentes de chacune de ces méthodes pour la détection d'une cavité placée au centre du profil. La méthode pôle-pôle enregistre des mesures prenant en compte des variations de résistivité en théorie jusqu'à une profondeur de 30 m dans notre exemple alors que les deux autres modes n'enregistrent de l'information que sur les premiers 6 mètres. Cependant en dessous de 6 m de l'axe vertical de cette pseudo-section (Fig. 4.7a), il n'y aucune variation de résistivité, du moins pour l'échelle de couleur prise pour cette visualisation. En mode dipôle-dipôle, pour un jeu d'électrodes correspondant à des mesures en dessous de 4 m de profondeur, la présence de la cavité ne change pas la valeur de résistivité apparente mesurée, à la différence du cas de la méthode Wenner.

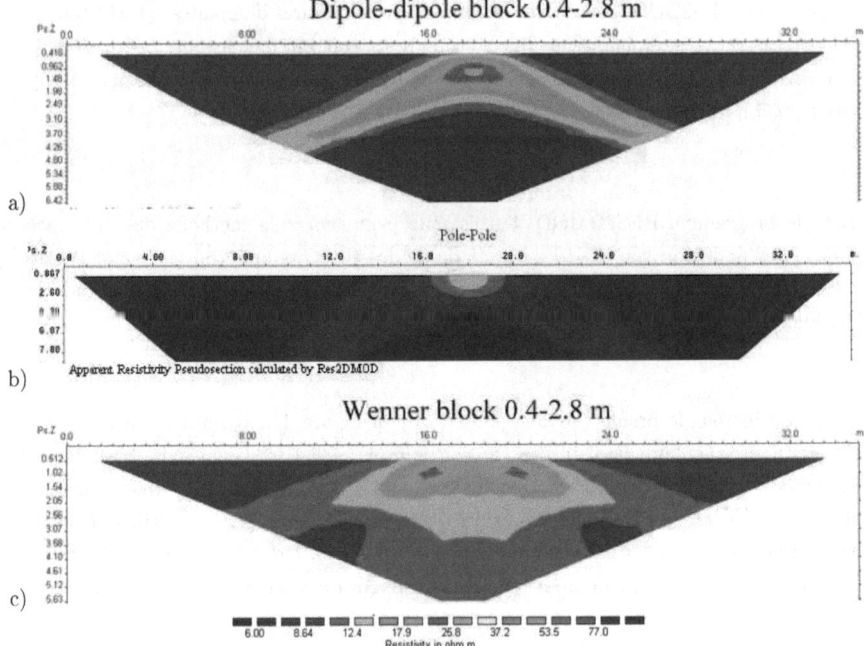

FIGURE 4.7: Pseudo sections calculées pour le modèle 1 avec trois configurations de mesures différentes : a) mode dipôle-dipôle, b) pôle-pôle et c) Wenner.

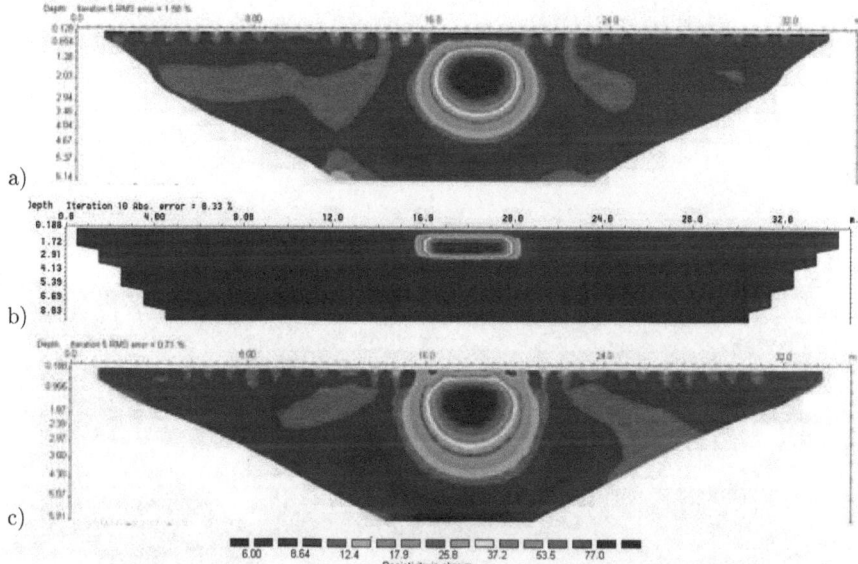

FIGURE 4.8: Modèles de distribution de résistivité inversés et interpolés spatialement pour le modèle 1 avec trois configurations de mesures différentes : a) mode dipôle-dipôle, b) pôle-pôle et c) Wenner.

4.6 Modèle de distribution de résistivité électrique

Pour aller plus loin, les données des pseudo-sections sont inversées en utilisant le programme RES2DINV en utilisant les options standards. L'inversion consiste à chercher le modèle de distribution de résistivité électrique qui explique le mieux les données au sens des moindres carrés. Pour augmenter la résolution, dans le processus d'inversion, nous avons recherché des modèles de distribution de résistivité pour des mailles de tailles correspondantes à celles que l'on aurait avec des électrodes espacées de 0,5 m au lieu de 1 m. La Figure 4.8 présente les modèles de distribution de résistivité électrique obtenus au bout de 10 itérations pour les pseudo-sections présentées sur la Figure 4.7. Il est à noter que les images présentées sur la Figure 4.8 sont obtenues par interpolation des points de calculs. Plus on va en profondeur, moins de points de calcul il y a (comme expliqué sur la Figure 4.5). Une autre représentation, moins jolie, mais plus correcte est faite en blocs comme sur la Figure 4.9.

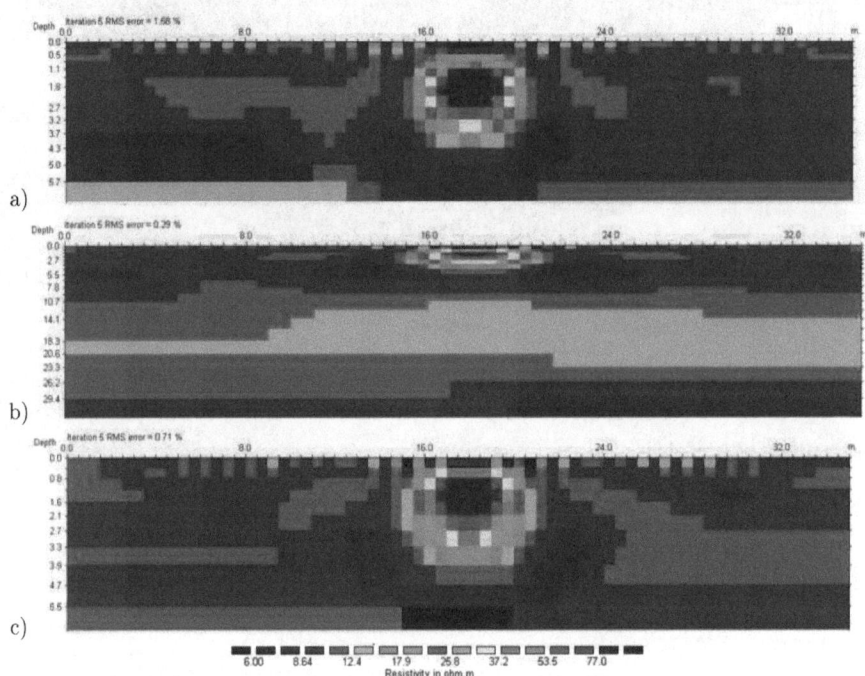

FIGURE 4.9: Présentation en blocs des modèles de distribution de résistivité inversés pour le modèle 1 avec trois configurations de mesures différentes : a) mode dipôle-dipôle, b) mode pôle-pôle et c) mode Wenner.

4.7 Tests numériques

Pour pouvoir mieux comparer les trois configurations de mesures et tester leur sensibilité à la présence de cavités, nous avons procédé, à l'aide de RES2DMOD et RES2DINV, aux calculs puis inversion des trois modèles décrits sur la Figure 4.6 pour les trois configurations : dipôle-dipôle, pôle-pôle et Wenner. Pour augmenter la résolution, dans le processus d'inversion, nous avons là aussi recherché des modèles de distribution de résistivité pour des mailles de tailles correspondant à celles que l'on aurait avec des électrodes espacées de 0,5 m au lieu de 1 m.

Les trois modèles de cavités étudiés sont :

- **modèle 1** : une cavité de 2.4 m de haut est sous une couche de sol de $h_1 = 0.4$ m d'épaisseur.

- **modèle 2** : une cavité de 2.4 m de haut est sous une couche de sol de $h_2 = 1$ m d'épaisseur.

- **modèle 3** : une cavité de 1.8 m de haut est sous une couche de sol de $h_2 = 1$ m d'épaisseur.

Les résultats dans chacun de ces modèles sont présentés dans les Figures 4.10, 4.11 et 4.12.

Les Figures 4.13, 4.14 et 4.15 montrent les valeurs de contrastes de résistivité inversés le long de coupes verticales faites au milieu du profil et horizontales faites au milieu de la cavité. Ces images montrent les différences de sensibilité des trois configurations testées.

Pour le modèle 1, nous observons dans la distribution horizontale que les trois configurations montrent clairement la position du bloc cavité de départ. Par contre, en coupe verticale, nous observons que la limite supérieure est bien marquée par la configuration Wenner, alors que les deux autres configurations surestiment la profondeur du toit de la cavité. Les configurations Wenner et dipôle-dipôle inverse une résistivité électrique maximale d'environ 200 Ωm. Avec le mode pôle-pôle, la résistivité maximale est de seulement environ 100 Ωm. La limite inférieure du bloc cavité du modèle est relativement bien marquée avec la configuration Wenner mais diffuse en mode dipôle-dipôle et pôle-pôle.

Pour le modèle 2, nous observons une délimitation de la limite supérieure correcte par les trois configurations. La limite inférieure est par contre très mal définie avec les configurations dipôle-dipôle et pôle-pôle. Le mode Wenner, même si la valeur maximale de la résistivité inversé est faible, marque mieux la limite inférieure de la cavité que les deux autres méthodes.

Pour le modèle 3, nous observons que les trois méthodes détectent une position raisonnable de la cavité horizontalement et verticalement.

En conclusion, les trois configurations testées permettent de bien déterminer la position

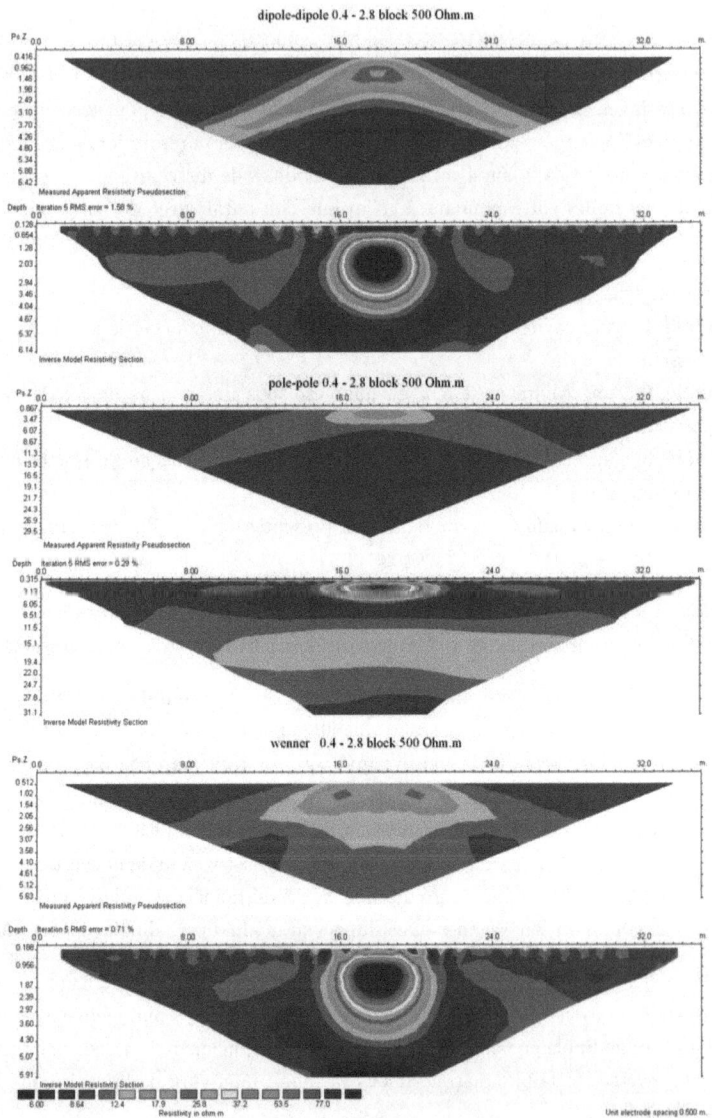

FIGURE 4.10: Pseudo-sections simulées et inversées pour les trois configurations de mesures testées pour le modèle 1 de la Figure 4.6.

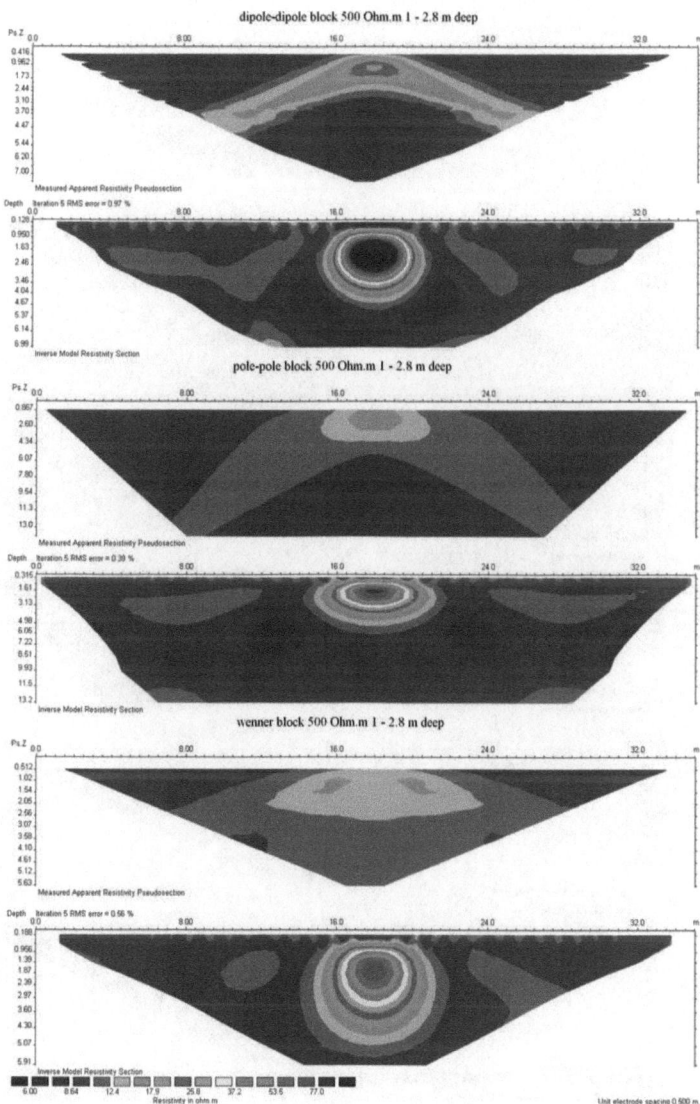

FIGURE 4.11: Pseudo-sections simulées et inversées pour les trois configurations de mesures testées pour le modèle 2 de la Figure 4.6.

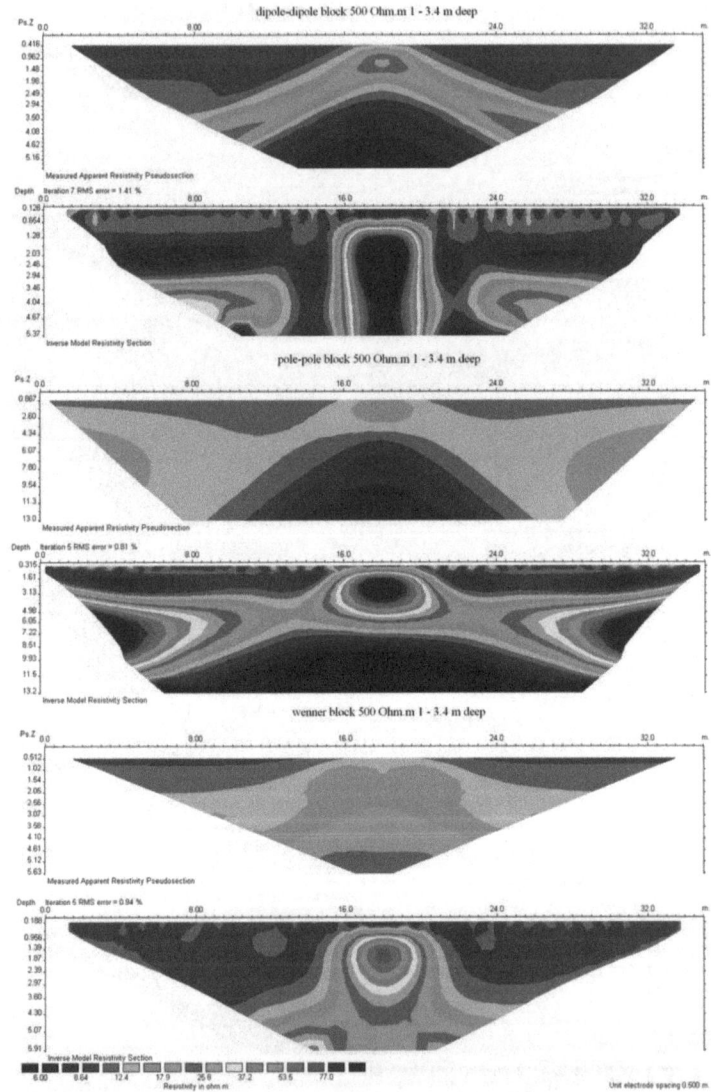

FIGURE 4.12: Pseudo-sections simulées et inversées pour les trois configurations de mesures testées pour le modèle 3 de la Figure 4.6.

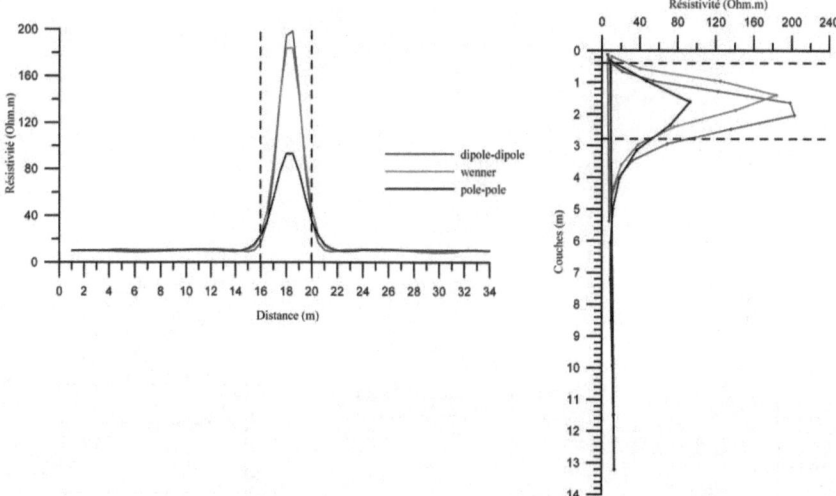

FIGURE 4.13: Comparaisons des trois configurations de mesures pour la détermination des limites horizontales (coupe à 1.6 m de profondeur) et verticales de la cavité du modèle 1. Les limites de cavités sont indiquées par des pointillées.

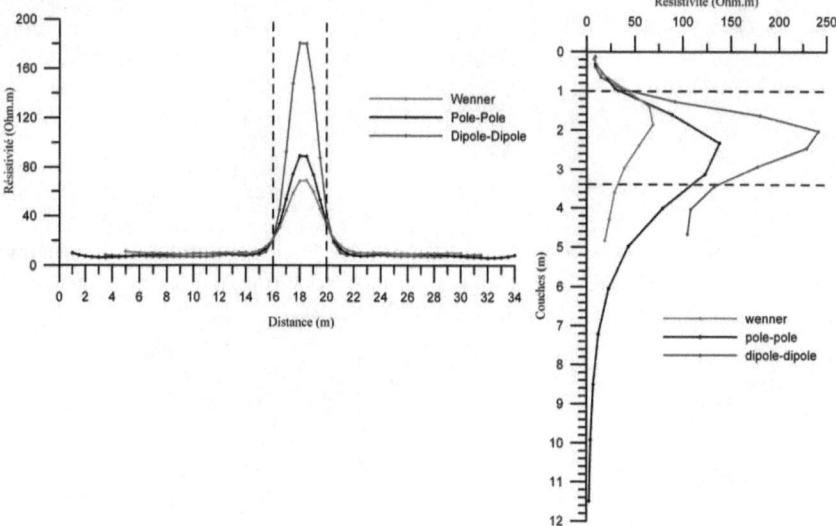

FIGURE 4.14: Comparaisons des trois configurations de mesures pour la détermination des limites horizontales (coupe à 2.2 m de profondeur) et verticales de la cavité du modèle 2. Les limites de cavités sont indiquées par des pointillées.

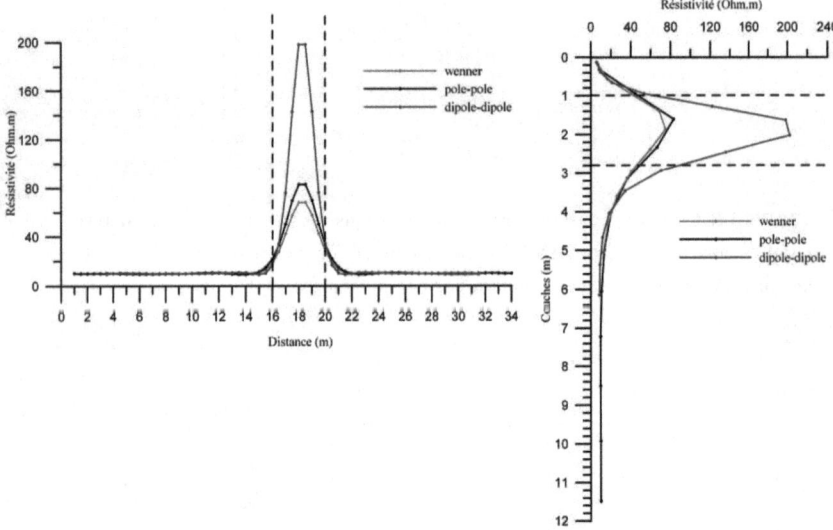

FIGURE 4.15: Comparaisons des trois configurations de mesures pour la détermination des limites horizontales (coupe à 1.9 m de profondeur) et verticales de la cavité du modèle 3. Les limites de cavités sont indiquées par des pointillées.

latérale de la cavité modélisée par un bloc de forte résistivité. Par contre, la détermination des limites supérieures et inférieures d'une cavité se fait mieux avec la méthode Wenner.

4.8 Remarques sur la tomographie électrique

D'après nos simulations, la présence de cavités dans le sous-sol est en effet décelable par des mesures de résistivité seules. Cependant, la résolution spatiale dépend fortement de la configuration de mesures utilisée, notamment de la distance entre les électrodes.

De plus il peut-être parfois difficile de planter les électrodes sur des terrains bétonnés ou goudronnés. Par exemple, l'installation de 48 électrodes dans le sous-sol bétonné d'un gymnase d'Alep (Syrie) a demandé 4 heures de travail. Chaque trou a du être fait à la perceuse électrique.

Chapitre 5

Acquisitions multi-méthodes au dessus de cavités

Dans ce chapitre nous présentons deux études de cas : la localisation d'une galerie technique sur le campus de la faculté des Sciences d'Orsay et des mesures au-dessus d'une salle souterraine à l'abbaye de l'Ouye. Dans ces deux cas, nous présentons les interprétations des mesures de résistivité électrique et des mesures radar de sol.

5.1 Tests au-dessus d'une galerie technique

Le campus de la faculté des Sciences de l'Université Paris Sud à Orsay a été construit dans les années 1960. Lors de la construction des bâtiments il a été installé une galerie technique reliant chaque groupe de bâtiments pour y faire passer tous les câbles et les tuyaux. Cette galerie fait plusieurs centaines de mètres de long. Elle est de section rectangulaire, d'environ 2 m sur 2, enterrée dans le sous-sol à une profondeur variable en fonction de sa localisation sur le campus. Plusieurs bouches d'accès et/ou d'aération témoignent de sa présence en surface.

5.1.1 Instrumentation

Nous avons utilisé deux jeux d'antennes blindées, le premier centré sur 500 MHz et l'autre sur 250 MHz, du système RAMAC Malå. Les traces ont été acquises tous les 5 cm le long de profils mono-déport. Différents profils ont été acquis perpendiculairement à la galerie pour la repérer précisément puis un profil longitudinal à la galerie (Fig. 5.1). Un multi-déport, noté W_1, a été effectué avec les antennes 250 MHz, au dessus de la galerie dans le

FIGURE 5.1: Localisation des profils radar et électrique au dessus de la galerie technique du campus d'Orsay. L'emplacement du théodolite est indiqué par le triangle rose, les numéros correspondent aux points visés. Le profil radar type WARR, W_1, indiqué par le losange blanc a été acquis le long du profil P_7. Le profil P_7, en bleu, est acquis au-dessus de la galerie technique. Des mesures radar et de résistivité électrique ont été acquis le long du profil P_2, en vert.

but de déterminer les vitesses et de tester l'idée développée dans le chapitre 2 c'est-à-dire, la mise en évidence d'inversion de polarisation sur l'onde réfléchie.

Un profil perpendiculaire à la galerie a été privilégié pour y faire un panneau de mesures de résistivité électrique : le profil P_2. Pour ces mesures nous avons utilisé un système de type Junior Syscal de la marque Iris instruments avec 48 électrodes avec une configuration de type Wenner et une distance inter-électrodes de 1 m, puis 0.4 m et 0.25 m. Tous les profils ont été repérés grâce à un théodolite laser dont l'emplacement est indiqué sur la Fig. 5.1. Ces mesures ont permis l'enregistrement précis de la topographie.

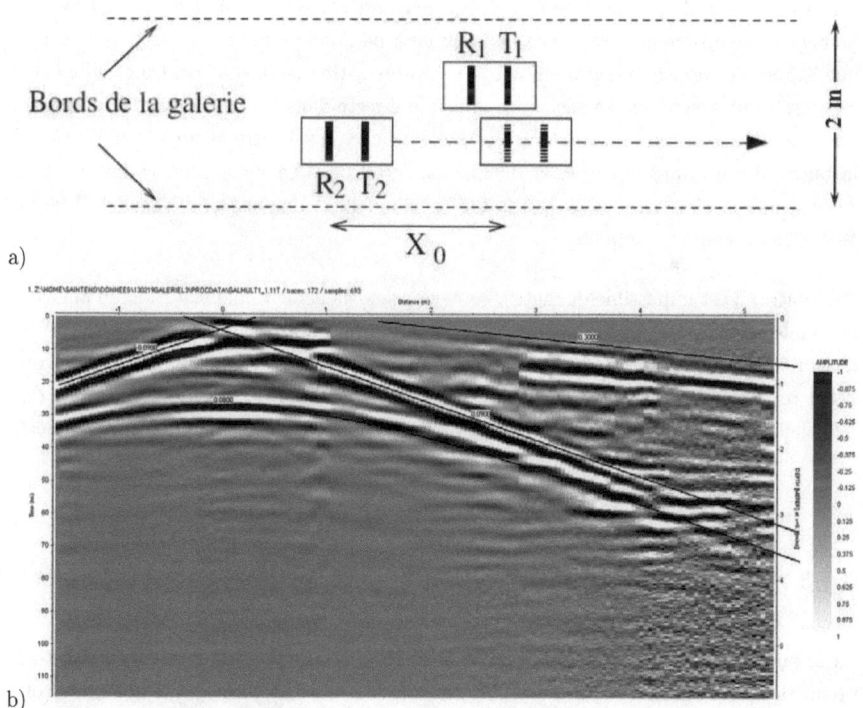

a)

b)

FIGURE 5.2: a) Schéma expliquant l'acquisition du radargramme multi-déport montré en b).

5.1.2 Analyse du profil radar multi-déport

Le profil multi-déport a été fait avec des antennes 250 MHz. Une boite était fixe et l'autre a été tirée le long d'un profil en partant d'environ 1 mètre avant la boite fixe, jusqu'à environ 5 m, après comme expliqué sur la Figure 5.2a. Cette méthode permet d'utiliser les ondes directes dans le sol pour positionner correctement le déport initial sur le profil de la Fig. 5.2b. Par contre, le déport minimum est non nul puisque les antennes sont alors bout-à-bout (comme indiqué pour le déport X_0 de la Fig. 5.2a) La distance centre à centre est alors mesurée à 40 cm sur les antennes 250 MHz. Les pentes des ondes directes dans le sol indiquent une vitesse de propagation en surface de 0.09 m/ns. En se repérant sur le maximum de l'onde directe, le temps zéro est corrigé de 0.4/0.09 soit 4.4 ns. En prenant ce temps comme référence, le maximum de l'onde réfléchie est alors ajusté par une hyperbole correspondant à une vitesse de propagation de 0.08 m/ns. Cette différence est tout-à-fait acceptable en sachant que l'onde directe dans l'air se propage à la surface du sol alors que la réfléchie a traversé toute le couche de sol entre la surface et le toit de la galerie. En utilisant la vitesse de 0.08 m/ns, le toit de la galerie et alors estimé à 1.1 m de profondeur. Un forage effectué à la tarière manuelle donne une profondeur de 1.05 m au centre de l'antenne immobile.

Par contre, il est impossible de mettre en évidence visuellement une inversion de polarité de l'onde réfléchie sur la Fig. 5.2b. Une explication plausible est que la galerie soit faite d'éléments en béton armé et que la conductivité électrique des armatures empêche de voir l'effet recherché. Cet exemple nous confirme que l'inversion de polarité de la réfléchie est difficilement observable et utilisable pour mettre en évidence une cavité dans les données radar de terrain.

5.1.3 Analyse des profils radar mono-déport

La Figure 5.3 présente les mesures radar acquises à 500 MHz et à 250 MHz sur les 12 premiers mètres du profil P2. Ces profils ont été migrés en utilisant la méthode de Stolt avec une vitesse de 0.085 m/ns. Ils ont été gainés avec un AGC et corrigés de la topographie mesurée par le théodolite. Le profil 250 MHz 5.3b permet de positionner clairement les limites latérales de la galerie. La profondeur de son toit est aux alentours de 1 m.

Le profil P7 acquis du Sud vers Nord le long de la galerie est présenté sur la Figure 5.4, avant et après corrections topographiques. Sur la Fig. 5.4a, les mesures effectuées à la tarière manuelle le long du profil ont été reportées pour comparaison. Les différences sont peut-être dues à la présence de cailloux au-dessus de la galerie.

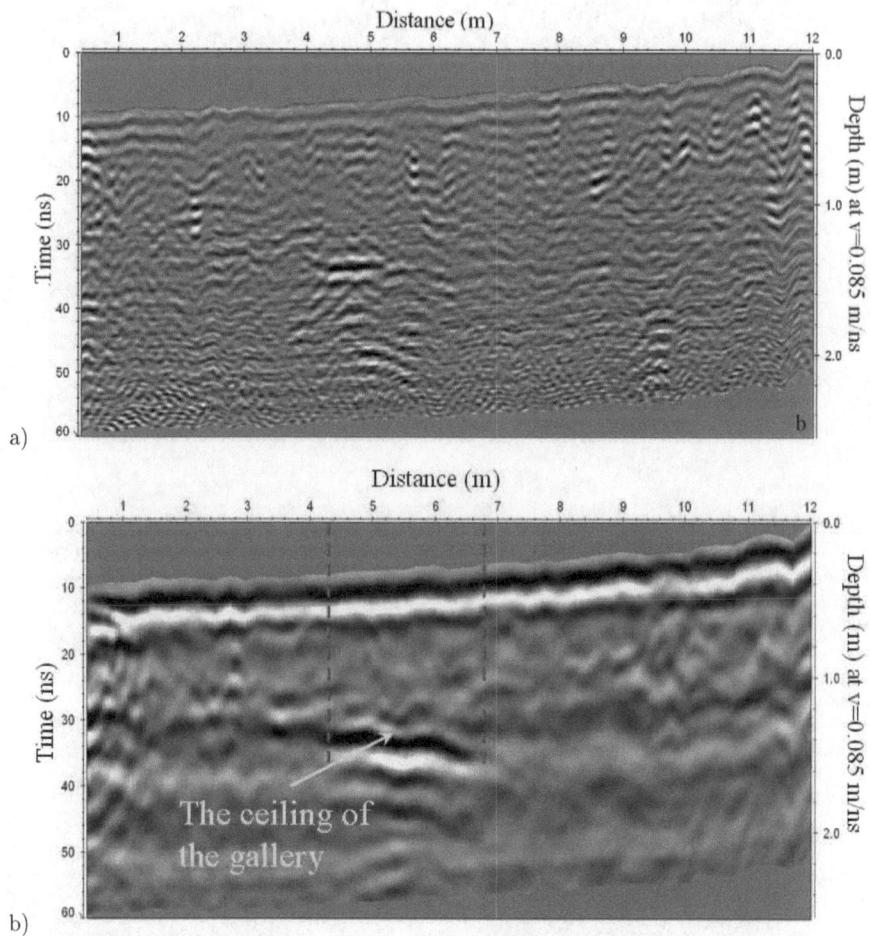

FIGURE 5.3: Profil P2 acquis perpendiculairement à l'axe de la galerie avec des antennes a) 500 MHz, et b) 250 MHz.

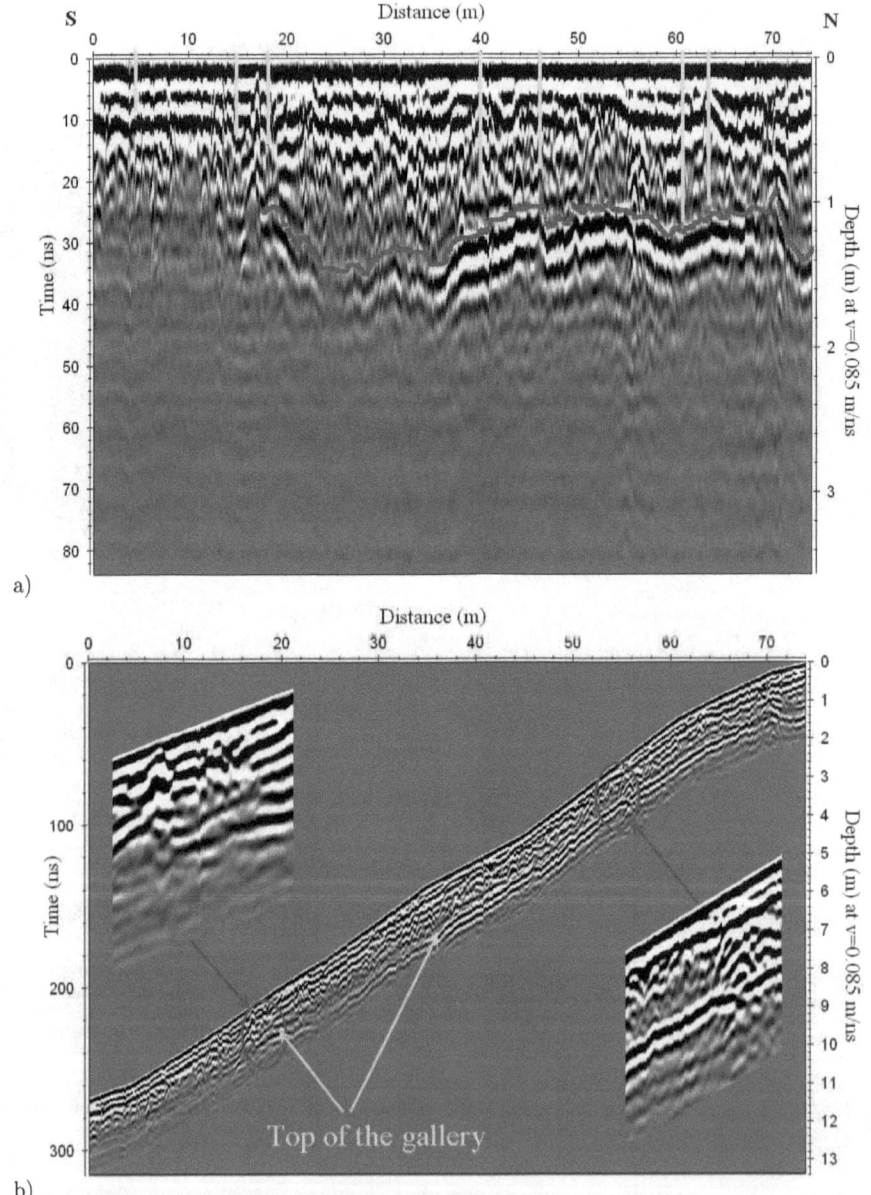

FIGURE 5.4: Profil P7 acquis avec des antennes 250 MHz au-dessus de la galerie repérée par les différents profils radar perpendiculaires a) avec les profondeurs du toit de la galerie mesurées à la tarière manuelle, et b) avec les corrections topographiques.

5.1.4 Inversion des mesures électriques

Trois profils de résistivité électrique ont été acquis en mode Wenner le long de la ligne P2 de la Figure 5.1 avec trois distances inter-électrodes différentes, 1, 0.4 puis 0.25 m. Le logiciel RES2DINV a été utilisé pour inverser les pseudo-sections obtenues en utilisant des options classiques d'inversion et en incluant les mesures de topographie enregistrées au théodolite. Les modèles de distribution de résistivité inversées pour chaque distance inter-électrodes sont présentés sur la Figure 5.5. Ces résultats nous montrent que pour un espacement des électrodes de 1 m, Fig. 5.5a, les variations de résistivité du sous-sol commencent à être identifiables seulement à partir d'une profondeur de 2 m. La galerie recherchée étant positionné sur la partie Ouest du profil, en limite du modèle n'est pas discernable sur ce modèle. Sur le modèle obtenu avec un espacement de 0.4 m, Fig. 5.5b, on observe une zone de haute résistivité entre 3.2 et 6 m de position latérale. Avec un espacement de 0.25 m, Fig. 5.5c, nous pouvons déjà identifier sur ce modèle, une zone de haute résistivité de forme rectangulaire entre 4 et 6.5 m.

En cherchant le modèle de distribution de résistivité électrique qui présente un contraste fort de résistivité entre deux blocs à la position correspondante à l'interface du toit de la galerie identifiée sur le radargramme (Fig. 5.3b), nous obtenons au bout de 7 itérations le modèle de la Fig. 5.6. Ce modèle explique aussi bien les mesures obtenues que sans information a priori (erreur quadratique de 1.7% au bout de 7 itérations).

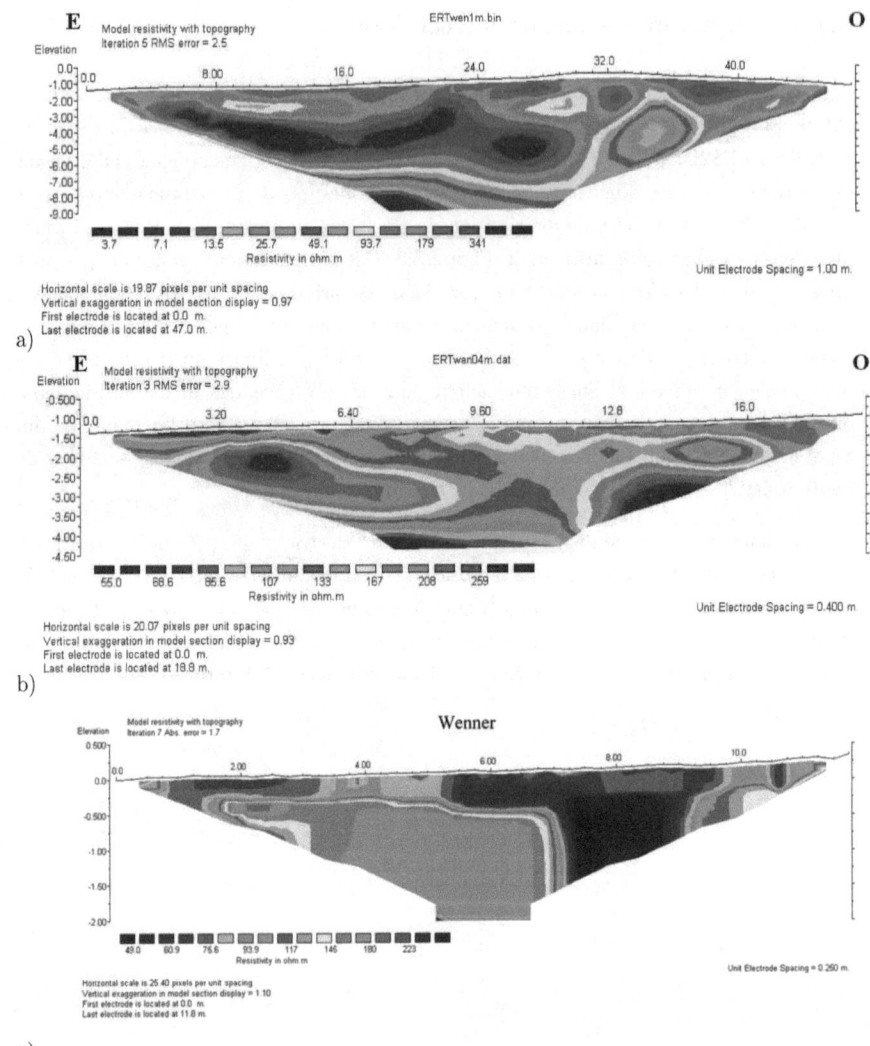

FIGURE 5.5: Modèles de distribution de résistivité électrique inversés à partir des mesures faites le long du profil P2 avec des électrodes espacées de a) 1 m, b) 0.4 m et c) 0.25m.

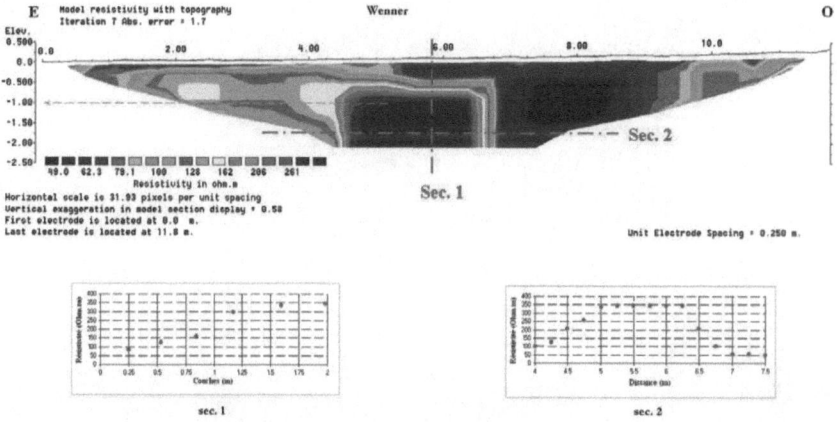

FIGURE 5.6: Modèle de distribution de résistivité électrique inversé à partir des mesures faites le long du profil P2 avec des électrodes espacées de 0.25 m en incluant une interface positionnée par le radargramme 5.3b en information *a priori*.

5.1.5 Conclusion

Les mesures radar permettent de situer une anomalie aux dimensions correspondantes à la galerie technique. Par contre en utilisant seulement les données radar il n'y a pas d'arguments pour dire qu'il s'agit d'une cavité au lieu de quoi que ce soit d'autre. Les mesures de résistivité électrique quand à elles, indiquent directement une zone de plus haute résistivité à l'emplacement de la galerie. Si l'on inclue une interface horizontale de largeur et à la profondeur détectées par le radar comme information *a priori* lors de l'inversion du profil de résistivité, l'effet est visuellement impressionnant. L'inversion converge au bout de 7 itérations sur un modèle expliquant les données avec une erreur quadratique de 1.7%. Les deux méthodes géophysiques sont clairement complémentaires sur cet exemple. Les profils radar indiquent qu'il est nécessaire de diminuer la distance inter-électrode pour avoir une résolution suffisante dans la tomographie électrique pour mettre en évidence la cible.

5.2   Tests au dessus d'une salle souterraine

Une deuxième série de tests de complémentarité du radar de sol et des mesures de résistivité électrique a été menée au-dessus d'une salle souterraine connue dans l'abbaye de l'Ouye, située près de Dourdan en Essonne. Ces résultats ont été présentés lors du 6ème International Workshop on Advanced GPR, en juin 2011, à Aix-la-Chappelle en Allemagne.

GPR profiling and electrical resistivity tomography for buried cavity detection : a test site at the Abbaye de l'Ouye (France)

Cavity detection with joined GPR and ERT measurements

N.Boubaki, A. Saintenoy, P. Tucholka

IDES - UMR 8148 CNRS, Université Paris Sud 11,

Bâtiment 504, 91405 Orsay cedex, France

Abstract – The abbaye de l'Ouye (France) presents an underground room situated under a flat graveled path perfect for testing the complementarity of two geophysical methods, ground-penetrating radar (GPR) and electrical resistivity tomography (ERT), for buried cavity detection. One GPR mono- offset profile was acquired along with a 2D ERT profile on the surface above the cavity of known dimensions. We use our field site to test 2D ERT data acquisition and inversion parameters and how to complete GPR data information with ERT and vice- versa. As expected, the mono-offset GPR profile contains strong reflections on the ceiling and the floor of the room. Arrival times of those reflections are translated to depth using classical GPR data processing techniques. The measured electrical apparent resistivities were inverted using the Loke (2001) software with three different options : i) no a priori information, ii) a priori information included as high resistivity value in an area determined from the GPR reflections, iii) a priori information included as boundary positions derived from the GPR reflections.

Keywords : Ground penetrating radar; void detection; Electrical Resistivity Tomography

I. INTRODUCTION

Our basement contains a dense network of underground cavities. These sub-surface voids make many buildings or infrastructures unstable or cause them to collapse. Therefore, it is of major interest to be able to detect underground cavities in urban environment.

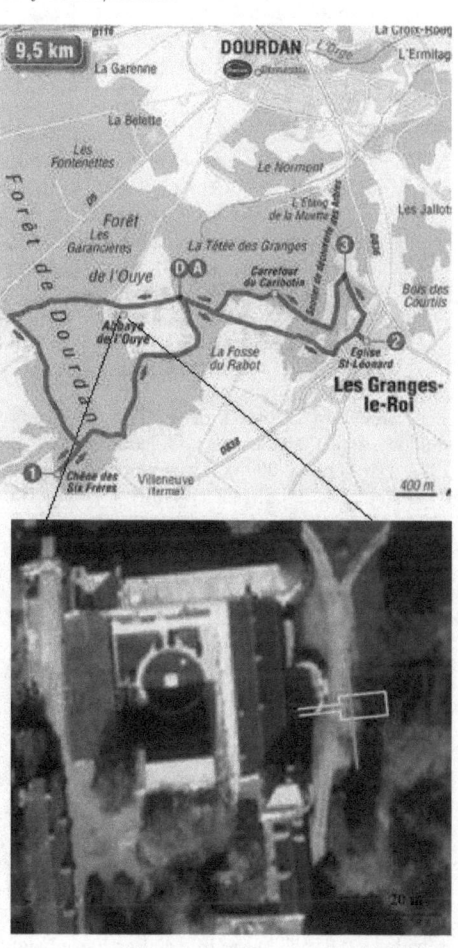

FIGURE 5.7: Location map of the study area. The limits of the underground room are represented in yellow. The geophysical profiles were acquired along the green line.

Different geophysical investigations have been carried out on this purpose with diverse methods such as gravity, seismic, electrical and electromagnetic measurements (Butler, 1984; Pellerin, 2002; Roth et al., 2002; Negri and Leucci, 2006; El Khammari et al., 2007). The main difficulties reside in the necessity for dense station spacing to reduce spatial aliasing, and high quality data to resolve small features. We decided to focus on two geophysical methods : Ground Penetrating Radar (GPR) and Electrical Resistivity Tomography (ERT).

The GPR is one of the most recommended nondestructive techniques used in near surface mapping studies (Davis and Annan, 1989; El Khammari et al., 2007). It allows fast and dense data acquisition in urban environment. GPR data sensitivity to dielectric permittivity variations makes it a common tool to detect the underground cavities (natural or man-made), because the reflections due to the cavities (air) and the surrounding rocks are potentially strong.

The ERT is a common method to investigate shallow depth structures (Oldenburg and Li, 1999; van Schoor, 2002). Two-dimensional resistivity imaging is used successfully for detection of underground cavities because the electrical resistivity of the void is higher than that of surrounding rocks and this difference may be the most outstanding physical feature of a cave.

In this paper we test complementarity of the two method over an existing cave at the Abbaye de l'Ouye.

II. SITE OF INVESTIGATION

We have carried out our study in the garden of an abbey (Abbaye de l'Ouye) located near the town of Dourdan (France). We have acquired GPR and ERT profiles above the underground room (yellow lines) along the green line as indicated in Figure 5.7. The underground room is 4.8 m wide by 9.6 m. The vaulted ceiling has a height of 2.6 m at its apex. Some masonry stones are visible from inside the room. The profiles were acquired along a path of gravels covering some argileous soil.

III. INSTRUMENTATION

The GPR mono-offset profile was acquired using 250 MHz antennas with a RAMAC Malåsystem.

Those 250 MHz antennas were selected as the most suitable for this work due to their optimum compromise between penetration and resolution. Traces were collected every centimeter. Each trace consisted of 1024 samples for a time window of 80 ns. To help for velocity analysis we acquired also a multi-offset profile (not shown here). All GPR data was processed using the REFLEXW Sandmeier software. We applied time zero correction, dewow filtering, and compensanted the amplitude attenuation due to geometrical divergence. To interpret our GPR data, we simulated radargrams using GprMax which solves Maxwell's equations using the finite-difference time- domain method (Giannopoulos, 2005).

For the ERT survey, we used the Wenner configuration [10]. The measuring device is constituted by a resistivimeter connected to an arrangement of 48 electrodes with an electrode spacing of 1 m and 0.5 m. We derived resistivity model sections from the measured apparent resistivity pseudosection using the RES2DINV (ver.3.59.66) software package (Loke and Barker, 1996).

IV. RESULTS AND DISCUSSION

A. GPR and ERT data comparison

In order to make a direct comparison, GPR and resistivity survey lines were acquired along a coincident profile (green line in Figure 5.7). In Figure 5.8, we present our results. Figure 5.8c shows the processed GPR mono-offset profile with reflections that come from the roof and bottom of the cavity. From hyperbolas fitting and the multi-offset profile analysis, we determined a velocity of 0.08 m/ns for the electromagnetic wave propagating in the soil. Using this velocity, we migrated the GPR profile with the Stolt method (Figure 5.8d). To have an idea of the expected GPR signal over the cavity we simulated the radargram shown Figure 5.9. The time delay between the first and the second reflection on the simulated radargram (Figure 5.9b) matches the observed one on the measured radargram Figure 5.8c. An inversion of signal polarization between the two reflections is clearly visible on the simulated radargram (Fig. 5.9b) but not so easily on the measured radargram (Fig. 5.8c). The red arrows on Fig. 5.8 show the time delay taken for the depth estimate for the first layer. The time zero was set to the maximum amplitude of

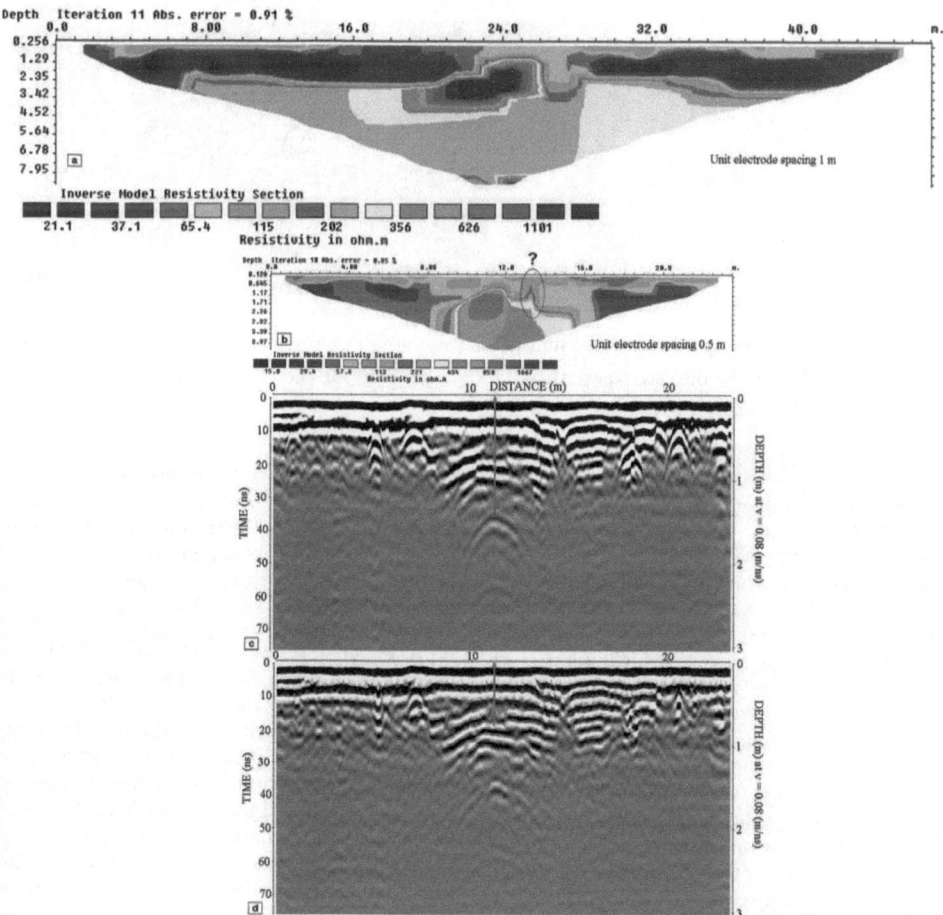

FIGURE 5.8: Geophysical results as inversed electrical resistivity variations with no a-priori information with a) unit electrode spacing of 1 m, b) unit electrode spacing of 0.5 m, and processed radargrams corrected for divergence attenuation compensation c) non migrated data, d) using Stolt migration routine with a velocity of 0.08 m/ns.

the soil direct wave. The transmitter and receiver being 31 cm, the thickness is estimated to 1 m. The blue arrow (Fig. 5.8c) indicates the time delay between the reflections coming from the roof and the floor of the cavity. Knowing the air velocity is 0.3 m/ns the time delay is converted to a height of 2.6 m. As results, it is possible from GPR data to estimate the top layer thickness, to laterally position the middle of the underground cavity, and to evaluate its height. Even

with the migrated data, it is difficult to status on the kind of permittivity variations creating the reflections. The inversion of polarization is not clear and the migrated profile is wrong about the second reflection on the cavity bottom / soil interface.

Figures 5.8a and 5.8b are the inversed electrical resistivity sections obtained after 10 iterations using a least-squares inversion routine offered in RES2DINV without using *a priori* information.

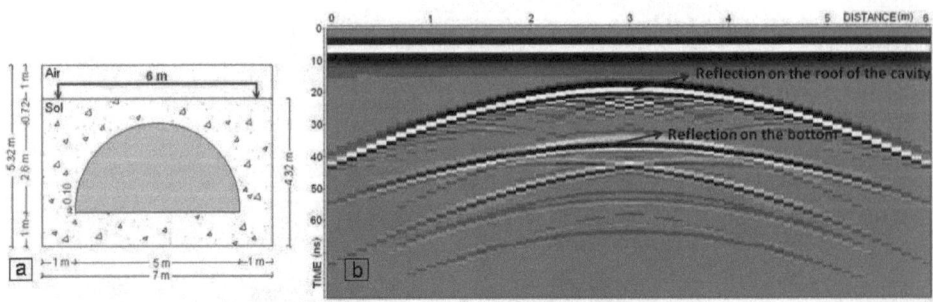

FIGURE 5.9: a) Geometry of the model and b) its simulated radargram (no gain applied). The soil properties are 14 for the dielectric permititivity and 0.01 S/m for the DC electrical conductivity c) radargram acquired along the profile.

Fig. 5.8a is obtained with a unit electrode spacing of 1 m. To get a better resolution, the profile was acquired a second time using a unit electrode spacing of 0.5 (Fig. 5.8b). The root mean square error between the simulated apparent resistivities and the 360 measured ones is around 0.9% for both electrode spacing. These first inversions of the ERT data alone confirms the interest of using electrical resistivity imaging in order to detect cavities in the soil structure; the region of high resistivity anomaly (400 - 1000 Ohm m) coincides with the reflections observed on the radargram (Figure 5.8c) and corresponds to the cavity zone. However the boundaries of the cavity are not very precise on the right side. Both geophysical signals seem to be annoyed by a higher resistivity zone encircled with a question mark on Fig. 5.8b (an old chimney ?).

B. Using GPR data as a priori information for ERT data inversion

We used the radargram to define the limits of the cavity, using arrival time-picking of the top reflection after migration of the data (velocity of 0.08 m/ns) and assuming a flat floor for the cave. We introduce this information by two methods in the inversion of the electrical resistivity measurements with a unit electrode spacing of 0.5 m. First we imposed a high resistivity of 20000 Ohm.m inside the limits determined by the GPR. Those limits were approximated using trapezoidal elements as shown as the black line in Fig. 5.10b. The result of the 10th iteration of the inversion in Fig. 5.10a gives an image of the

cavity that is closer to the measured dimensions of the cavity (Fig. 5.9a). It respects the information coming from the radargram and it fits as well the resistivity measurements as the model in Fig. 5.8a as the RMS errors are comparable on the two models.

As a second test, we introduced the GPR information as sharp boundaries (black line on Fig. 5.10b) allowing the model to take any electrical resistivity distribution. The inversed ERT after 10 iterations is shown in Fig. 5.10b. The image of the cavity section is less precise than in Fig. 5.10a but it still fits what we know from the cavity size and the data fit is still as good as for the two other models (RMS error of 0.80%). In Figure 5.11, we show the interpolated images of Figure 5.10.

V. CONCLUSIONS

From our results, it is clear that from mono-offset GPR profiling alone, it is difficult to determine precisely the cavity boundary even after data migration. The electrical resistivity measurements inversed on their own indicates a high resistivity area at the place of the cavity. The top soil-cavity roof interface seems to be partly resolved when using the smaller electrode spacing but the underground room floor position is not clearly defined even using the larger electrode spacing. Introducing GPR information such as depth of the ceiling and a shape for the cavity coming from the migrated image help to construct an electrical resistivity model that fits the reality.

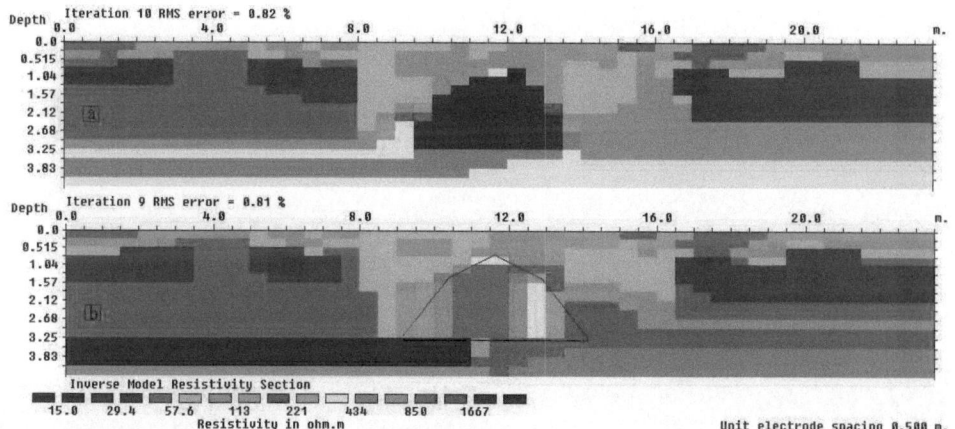

FIGURE 5.10: Inversed electrical resistivity section using a priori information as a) imposing a high resistivity value of 20000 ohm.m and a damping factor weight of 1 inside a zone derived from GPR data, b) imposing sharp boundaries located from the GPR data.

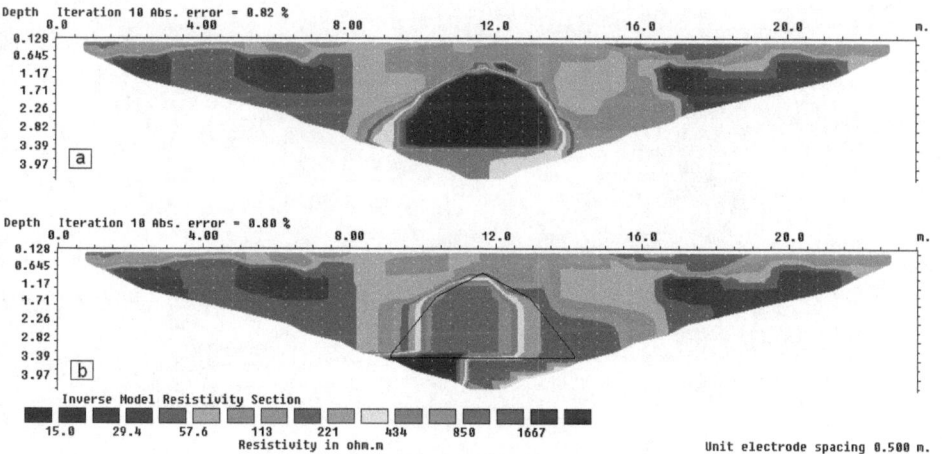

FIGURE 5.11: Interpolated images of Fig. 5.10 results.

Conclusions et perspectives

Conclusions

Les vides souterrains non connus sont potentiellement dangereux pour l'homme surtout en milieux urbains. L'objectif de cette thèse était de tester deux méthodes géophysiques, le radar de sol et la tomographie par mesures de résistivité électrique, pour localiser et déterminer les cavités souterraines dans le proche sous-sol.

Dans un premier temps, nous avons étudié le radar de sol. Nous avons effectué une analyse théorique pour exploiter les profils radar multi-déports acquis au dessus de cavités par la mise en évidence d'une inversion de polarité de la réfléchie sur leur toit. Cette idée se révèle malheureusement inexploitable dans les données radar de terrain soit à cause d'un manque de résolution lié à une couche trop mince au dessus du toit (cas des mesures faîtes à Sainte-Mesme), soit un manque d'espace pour acquérir des données avec un déport suffisant pour observer le phénomène (cas des mesures à l'abbaye de l'Ouye), soit une couche de matériau imperméable (cas de la galerie technique du campus d'Orsay).

Nous avons ensuite poursuivi notre analyse théorique, pour comprendre les variations de l'amplitude de l'onde réfléchie sur le toit d'une cavité en fonction de sa profondeur et de sa taille. Cette analyse explique l'effet des couches minces et met en évidence une relation logarithmique entre la profondeur et la taille d'une cavité à section carrée pour donner une réflexion d'amplitude maximale. Selon cette relation, il est possible de déterminer la taille d'une cavité qui donne une réflexion d'amplitude maximale à partir de sa profondeur.

Puis nous avons présenté deux applications archéologiques de la détection de cavité par des mesures radar de sol de surface. La première met en évidence un caveau voûté oublié dans l'église de Sainte-Mesme et la deuxième confirme la présence de galeries liées à l'exploitation du silex par les hommes du néolithique sur le site de Krzemionki en Pologne.

Dans un deuxième temps, nous avons étudié l'apport de faire des mesures de résistivité électrique en plus de mesures radar de sol. Nous proposons d'utiliser le radar en premier pour déterminer l'échelle et le positionnement du profil électrique sur des zones potentiellement à risque. Puis, nous utilisons le profil électrique pour déterminer si ces zones sont plus résistantes électriquement ou pas. Finalement, nous incluons les informations radar sous forme d'information *a priori* pour inverser un modèle de distribution de résistivité électrique plus proche de la réalité. Cette démarche a été appliquée avec succès dans deux études de cas tests : au-dessus d'une galerie technique de section carrée de 2 m de coté à 1 m de profondeur, et au-dessus d'une salle souterraine voûtée.

Perspectives

Sur le site de Krzemionki, en Pologne, des mesures de résistivité électrique doivent être acquises pour confirmer les interprétations des radargrammes réalisés. Il serait également intéressant de réaliser des mesures sur un autre site similaire en France : les minières néolithiques de silex de Spiennes (Mons).

Lors de nos applications nous avons été souvent limités par la difficulté d'enfoncer les électrodes dans le sol. Ceci est impossible dans la plupart des bâtiments. Il serait intéressant d'utiliser des appareils de mesures de résistivité à couplage capacitif comme OhmMapper proposé par Iris Instrument (Sabo, 2008) qui permettent de faire des mesures de manière non destructive. Cependant, ce genre d'appareil présente moins de degré de liberté pour l'espacement inter-électrode ce qui limite la taille des cavités à détecter.

D'un point de vue personnel, je souhaiterai appliquer ce que j'ai développé lors de ma thèse pour l'auscultation non destructive dans le domaine du génie civil en sites urbains. J'ai à l'esprit les différents effondrement d'immeubles liés à la présence de cavités non connues qui ont eu lieu dans mon pays d'origine, la Syrie, notamment à Alep. De plus, l'évaluation du vieillissement des structures en béton est un défi technique majeur rencontré par les ingénieurs civils d'aujourd'hui.

Références

Ahmad, N., Lorenzl, H., and Wistuba, M., 2011, Crack detection in asphalt pavements-how useful is the gpr? : Advanced Ground Penetrating Radar (IWAGPR), 2011 6th International Workshop on, 1–6.

Annan, A. P., and Cosway, S. W., 1992, Ground penetrating radar survey design : AGEEP, Symposium on the Application of Geophysics to Engineering and Environmental Problems, 329–352.

Annan, A. P., 2002, Gpr—history, trends, and future developments : Subsurface Sensing Technologies and Applications, **3**, no. 4, 253–270.

Balanis, C. A., 1989, Advanced engineering electromagnetics : Arizona State University, library of Congress cataloging in publication data.

Barilaro, D., Branca, C., Gresta, S., Imposa, S., Leone, A., and Majolino, D., 2007, Ground Penetrating Radar (G.P.R.) surveys applied to the research of crypts in San Sebastiano's church in Catania (Sicily) : Journal of Cultural Heritage, **8**, 73–76.

Barker, R., and Moore, J., 1998, The application of time-lapse electrical tomography in groundwater studies : The Leading Edge, **17**, no. 10, 1454–1458.

Basile, V., Carrozzo, M., Negri, S., Nuzzo, L., Quarta, T., and Villani, A., 2000, A ground-penetrating radar survey for archaeological investigations in an urban area (lecce, italy) : Journal of Applied Geophysics, **44**, no. 1, 15–32.

Beres, M., Luetscher, M., and Olivier, R., 2001, Integration of ground-penetrating radar and microgravimetric methods to map shallow caves : Journal of Applied Geophysics, **46**, no. 4, 249–262.

Bergmann, T., Robertsson, J. O., and Holliger, K., 1998, Finite-difference modeling of electromagnetic wave propagation in dispersive and attenuating media : Geophysics, **63**, no. 3, 856–867.

Bevc, D., and Morrison, H. F., 1991, Borehole-to-surface electrical resistivity monitoring of a salt water injection experiment : Geophysics, **56**, no. 6, 769–777.

Blindow, N., Eisenburger, D., Illich, B., Petzold, H., and Richter, T., 2007, Ground penetrating radar :, *in* Environmental Geology Springer Berlin Heidelberg, 283–335.

Booth, A. D., Linford, N. T., Clark, R. A., and Murray, T., 2008, Three-dimensional, multi-offset ground-penetrating radar imaging of archaeological targets : Archaeological Prospection, **15**, no. 2, 93–112.

Booth, A., Clark, R., and Murray, T., 2010, Semblance response to a ground-penetrating radar wavelet and resulting errors in velocity analysis : Near Surface Geophysics, **8**, no. 3, 235–246.

Booth, A. D., Clark, R. A., and Murray, T., 2011, Influences on the resolution of gpr velocity analyses and a monte carlo simulation for establishing velocity precision : Near Surface Geophysics, **9**, no. 5, 399–411.

Borkowski, W., 1990, Results of subsurface radar geophysical studies of the krzemionki banded flint mines poland : Archaeometry, pages 687–696.

Born, M., and Wolf, E., 1999, Principles of optics : electromagnetic theory of propagation, interference and diffraction of light : Cambridge University Press, 7th edition.

Boubaki, N., Saintenoy, A., and Tucholka, P., 2011, Gpr profiling and electrical resistivity tomography for buried cavity detection : A test site at the abbaye de l'ouye (france) : Advanced Ground Penetrating Radar (IWAGPR), 2011 6th International Workshop on, 1–5.

Boubaki, N., Saintenoy, A., Kowlaczyk, S., Mieszkowski, R., Welc, F., Budziszewski, J., and Tucholka, P., 2012, Ground-penetrating radar prospection over a gallery network resulting from neolithic flint mine (borownia, poland) : Ground Penetrating Radar (GPR), 2012 14th International Conference on, 610–615.

Boubaki, N., Leger, E., and Saintenoy, A., 2013, The discovery of a forgotten vault in the church of Sainte-Mesme (Les Yvelines) : Advanced Ground Penetrating Radar (IWAGPR), 2013 7th International Workshop on, 1–5.

Bourgeois, J. M., and Smith, G. S., 1996, A fully three-dimensional simulation of a ground-penetrating radar : Fdtd theory compared with experiment : Geoscience and Remote Sensing, IEEE Transactions on, **34**, no. 1, 36–44.

Bradford, J. H., and Deeds, J. C., 2006, Ground-penetrating radar theory and application of thin-bed offset-dependent reflectivity : Geophysics, **71**, no. 3, K47–K57.

Butler, D. K., 1984, Microgravimetric and gravity gradient techniques for detection of subsurface cavities : Geophysics, **49**, no. 7, 1084–1096.

Cassidy, N. J., and Millington, T. M., 2009, The application of finite-difference time-domain modelling for the assessment of gpr in magnetically lossy materials : Journal of Applied Geophysics, **67**, no. 4, 296–308.

Chamberlain, A. T., Sellers, W., Proctor, C., and Coard, R., 2000, Cave detection in limestone using ground penetrating radar : Journal of Archaeological Science, **27**, no. 10, 957–964.

Chambers, J. E., H.Loke, M., Ogilvy, R. D., and Meldrum, P. I., 1998, Noninvasive monitoring of dnapl migration through a saturated porous medium using electrical impedance tomography : J. Cont. Hydrol, **68**, 1–22.

Charlier, P., Ubelmann, Y., Huynh-Charlier, I., Gonin, J., Poupon, J., and Brun, L., 2009, Les pourrissoirs médiévaux de l'église paroissiale de Sainte-Mesme (Yvelines) 2e colloque international de pathographie.

Colley, G. C., 1963, The detection of caves by gravity measurements : Geophysical prospecting, **11**, no. 1, 1–9.

Conyers, L. B., and Lucius, J. E., 1996, Velocity analysis in archaeological ground-penetrating radar studies : Archaeological Prospection, **3**, no. 1, 25–38.

Cook, J. C., 1965, Seismic mapping of underground cavities using reflection amplitudes : Geophysics, **30**, no. 4, 527–538.

Dahlin, T., and Loke, M., 1998, Resolution of 2d wenner resistivity imaging as assessed by numerical modelling : J. Appl. Geophys., **38**, 237–249.

Daniels, D. J., 2004, Ground penetrating radar : IEE Radar, Sonar and Navigation series 15, Institution of Electrical Engineers, London, UK, 2 edition.

Davis, J. L., and Annan, A. P., 1989, Ground penetrating radar for high-resolution mapping of soil and rock stratigraphy : Geophysical Prospecting, **37**, 531–551.

Deparis, J., and Garambois, S., 2008, On the use of dispersive apvo gpr curves for thin-bed properties estimation : Theory and application to fracture characterization : Geophysics, **74**, no. 1, J1–J12.

Dey, A., and Morrison, H., 1979, Resistivity modeling for arbitrarily shaped three-dimensional structures : Geophysics, **44**, no. 4, 753–780.

Diamanti, N., and Giannopoulos, A., 2011, Employing adi-fdtd subgrids for gpr numerical modelling and their application to study ring separation in brick masonry arch bridges : Near Surface Geophysics, **9**, no. 3, 245–256.

Diamanti, N., Giannopoulos, A., and Forde, M. C., 2008, Numerical modelling and experimental verification of gpr to investigate ring separation in brick masonry arch bridges : NDT & E International, **41**, no. 5, 354–363.

Dobecki, T. L., and Upchurch, S. B., 2006, Geophysical applications to detect sinkholes and ground subsidence : The Leading Edge, **25**, no. 3, 336–341.

Doetsch, J., Linde, N., Pessognelli, M., Green, A. G., and Günther, T., 2012, Constraining 3-d electrical resistance tomography with gpr reflection data for improved aquifer characterization : Journal of Applied Geophysics, **78**, 68–76.

Donohue, S., Pfaffling, A., Long, M., Helle, T. E., Romoen, M., and O'Connor, P., 2012, Multi-method geophysical mapping of quick clay : Near Surface Geophysics, **10**, no. 3, 207–219.

Dorney, T. D., Johnson, J. L., Van Rudd, J., Baraniuk, R. G., Symes, W. W., and Mittleman, D. M., 2001, Terahertz reflection imaging using kirchhoff migration : Optics letters, **26**, no. 19, 1513–1515.

Drahor, M., Berge, M., Kurtulmuş, T., Hartmann, M., and Speidel, M., 2008, Magnetic and electrical resistivity tomography investigations in a roman legionary camp site (legio iv scythica) in zeugma, southeastern anatolia, turkey : Archaeological Prospection, **15**, no. 3, 159–186.

El Khammari, K., Najine, A., Jaffal, M., Aïfa, T., Himi, M., Vásquez, D., Casas, A., and Andrieux, P., 2007, Imagerie combinée géoélectrique–radar géologique des cavités souterraines de la ville de zaouit ech cheikh (maroc) : Comptes Rendus Geoscience, **339**, no. 7, 460–467.

El-Qady, G., Hafez, M., Abdalla, M. A., and Ushijima, K., 2005, Imaging subsurface cavities using geoelectric tomography and ground-penetrating radar : Journal of Cave and Karst Studies, **67**, no. 3, 174–181.

Elawadi, E., El-Qady, G., Salem, A., and Ushijima, K., 2001, Detection of cavities using pole-dipole resistivity technique : Memoirs of the Faculty of Engineering, Kyushu University, **61**, 101–112.

Elawadi, E., El-Qady, G., Nigm, A., Shaaban, F., and Ushijima, K., 2006, Integrated geophysical survey for site investigation at a new dwelling area, egypt : Journal of Environmental & Engineering Geophysics, **11**, no. 4, 249–259.

Ellis, R., and Oldenburg, D., 1994, Applied geophysical inversion : Geophysical Journal International, **116**, no. 1, 5–11.

Fauchard, C., Potherat, P., Cote, P., and Mudet, M., 2004, Détection de cavités souterraines par méthodes géophysiques : Guide technique- Laboratoire central des ponts et chaussées.

Fiaz, M. A., Frezza, F., Pajewski, L., Ponti, C., and Schettini, G., 2012, Scattering by a circular cylinder buried under a slightly rough surface : The cylindrical-wave approach : Antennas and Propagation, IEEE Transactions on, **60**, no. 6, 2834–2842.

Giannopoulos, A., 1998, The investigation of transmission-line matrix and finite-difference time-domain methods for the forward problem of ground probing radar. : Ph.D. thesis, University of York.

Giannopoulos, A., 2005, Modelling ground penetrating radar by gprmax : Construction and Building Materials, **19**, no. 10, 755–762.

Gloaguen, E., Giroux, B., Marcotte, D., and Dimitrakopoulos, R., 2007, Pseudo-fullwaveform inversion of borehole gpr data using stochastic tomography : Geophysics, **72**, no. 5, J43–J51.

Grandjean, G., and Leparoux, D., 2004, The potential of seismic methods for detecting cavities and buried objects : experimentation at a test site : Journal of Applied Geophysics, **56**, no. 2, 93–106.

Grasmueck, M., Weger, R., and Horstmeyer, H., 2005, Full-resolution 3d gpr imaging : Geophysics, **70**, no. 1, K12–K19.

Hajian, A., Zomorrodian, H., Styles, P., Greco, F., Lucas, C., , et al., 2012, Depth estimation of cavities from microgravity data using a new approach : the local linear model tree (lolimot) : Near Surface Geophysics.

Henson Jr, H., Sexton, J. L., Henson, M. A., Jones, P., , et al., 1997, Georadar investigation of karst in a limestone quarry near anna, illinois : Society of Exploration Geophysicists Expanded Abstracts, presented at SEG 67th annual meeting, Dallas, TX.

Hoekstra, P., and Delaney, A., 1974, Dielectric properties of soils at uhf and microwave frequencies : Journal of geophysical research, **79**, no. 11, 1699.

Hollender, F., Tillard, S., and Collin, L., 1999, Multifold borehole acquisition and processing : Geophysical Prospecting.

Hunter, L. E., Ferrick, M. G., and Collins, C. M., 2003, Monitoring sediment infilling at the ship creek reservoir, fort richardson, alaska, using gpr : Geological Society, London, Special Publications, **211**, no. 1, 199–206.

Jackson, J. D., 1975, Classical electrodynamics : John Wiley & Sons, 2 edition.

Kaufmann, G., Romanov, D., and Nielbock, R., 2011, Cave detection using multiple geophysical methods : Unicorn cave, harz mountains, germany : Geophysics, **76**, no. 3, B71–B77.

Knight, R., 2001, Ground penetrating radar for environmental applications : Annual Review of Earth and Planetary Sciences, **29**, 229–255.

Léger, E., and Saintenoy, A., 2011, Utilisation d'un radar impulsionnel et d'un réflecteur métallique vertical pour la détermination de la teneur en eau d'un sol : 36ème Journées du GFHN – 8ème Colloque GEOFCAN, 1–5.

Lekmine, G., 2011, Quantification des paramètres de transport des solutés en milieux poreaux par tomographie de résistivité électrique : développements méthodologiques et expérimentaux : Ph.D. thesis, Université Paris Sud.

Leparoux, D., Bitri, A., and Grandjean, G., 2000, Underground cavity detection : a new method based on seismic rayleigh waves : European Journal of Environmental and Engineering Geophysics, **5**, no. 33-53, 110–111.

Leparoux, D., 1997, Mise au point de méthodes radar pour l'auscultation structurale et texturale de milieux géologiques très hétérogènes : Ph.D. thesis, Université de Rennes 1.

Linde, N., Binley, A., Tryggvason, A., Pedersen, L. B., and Revil, A., 2006, Improved hydrogeophysical characterization using joint inversion of cross-hole electrical resistance and ground-penetrating radar traveltime data : Water Resources Research, **42**, no. 12, W12404.

Liu, Y., and Schmitt, D. R., 2003, Amplitude and avo responses of a single thin bed : Geophysics, **68**, no. 4, 1161–1168.

Loke, M., and Barker, R., 1996, Rapid least-squares inversion of apparent resistivity pseudosections by a quasi-newton method : Geophysical prospecting, **44**, no. 1, 131–152.

Loke, M. Tutorial : 2-d and 3-d electrical imaging surveys, geotomo software :, 2004.

Lorenzo, H., Hernandez, M., and Cuellar, V., 2002, Selected radar images of man-made underground galleries : Archaeological Prospection, **9**, no. 1, 1–7.

Lubowiecka, I., Armesto, J., Arias, P., and Lorenzo, H., 2009, Historic bridge modelling using laser scanning, ground penetrating radar and finite element methods in the context of structural dynamics : Engineering Structures, **31**, no. 11, 2667–2676.

Lutz, P., 2002, Acquisition multi-modes en radar geologique de surface : Ph.D. thesis, Université de Pau et des pays de l'Adour.

Mari, J.-L., and Mendes, M., 2012, High resolution 3d near surface imaging of fracture corridors and cavities by combining plus-minus method and refraction tomography : Near Surface Geophysics, **10**, no. 3, 185–195.

Mari, J.-L., Coppens, F., and Glangeaud, F., 1997, Traitement du signal pour géologues et géophysiciens : Editions Technip.

Mari, J.-L., Arens, G., Chapellier, D., and Gaudiani, P., 1998, Le radar, *in* TECHNIP, Ed., Géophysique de gisement et de génie civil : Institut Français du Pétrole.

Martinez, A., Kruger, J. M., and Franseen, E. K., 1998, Utility of ground-penetrating radar in near-surface, high-resolution imaging of lansing-kansas city (pennsylvanian) limestone reservoir analogs : Current research in earth sciences : Kansas Geological Survey Bulletin, **241**, 43–59.

Maxwell, J. C., 1881, A treatise on electricity and magnetism :, volume 1 Clarendon press.

Mesbah, M. A., 1998, A study on sea water effects by using geoelectric resistivity mapping at eladabiya, gulf of sues, egypt : Annals Geol. Surv. Egypt, V. XXI, pages 535–552.

Militzer, H., Roesler, R., and Loesch, W., 1979, Etude théorique et expérimentale de la recherche de cavité par des méthodes de résistivité géoélectriques : Geophys. Prosp., **27**, no. 3.

Millington, T., and Cassidy, N., 2010, Optimising gpr modelling : A practical, multithreaded approach to 3d fdtd numerical modelling : Computers & Geosciences, **36**, no. 9, 1135–1144.

Mochales, T., Casas, A., Pueyo, E., Pueyo, O., Román, M., Pocoví, A., Soriano, M., and Ansón, D., 2008, Detection of underground cavities by combining gravity, magnetic and ground penetrating radar surveys : a case study from the zaragoza area, ne spain : Environmental Geology, **53**, no. 5, 1067–1077.

Monego, M., Cassiani, G., Deiana, R., Putti, M., Passadore, G., and Altissimo, L., 2010, A tracer test in a shallow heterogeneous aquifer monitored via time-lapse surface electrical resistivity tomography : Geophysics, **75**, no. 4, WA61–WA73.

Moorman, B. J., 2002, Ground Penetraring Radar applications in paleolimnology, *in* Last, W. M., and Smol, J. P., Eds., Tracking environmental change using lake sediments : Kluwer Academic Publishers, 1, 23–48.

Negri, S., and Leucci, G., 2006, Geophysical investigation of the temple of apollo (hierapolis, turkey) : Journal of archaeological science, **33**, no. 11, 1505–1513.

Neukum, C., Grützner, C., Azzam, R., and Reicherter, K., 2010, Mapping buried karst features with capacitive-coupled resistivity system (CCR) and Ground Penetrating Radar (GPR) *in* Andreo, B., Carrasco, F., Durán, J. J., and LaMoreaux, J. W., Eds., Advances in Research in Karst Media : : Springer Berlin Heidelberg, 429–434.

Nguyen, F., Garambois, S., Jongmans, D., Pirard, E., and Loke, M., 2005, Image processing of 2d resistivity data for imaging faults : Journal of Applied Geophysics, **57**, no. 4, 260–277.

Noborio, K., 2001, Measurement of soil water content and electrical conductivity by time domain reflectometry : a review : Computers and Electronics in Agriculture, **31**, no. 3, 213–237.

Oldenborger, G. A., Knoll, M. D., Routh, P. S., and Labrecque, D. J., 2007, Time-lapse ert monitoring of an injection/withdrawal experiment in a shallow unconfined aquifer : Geophysics, **72**, F177–F187.

Oldenburg, D. W., and Li, Y., 1999, Estimating depth of investigation in dc resistivity and ip surveys : Geophysics, **64**, no. 2, 403–416.

Orlando, L., 2013, {GPR} to constrain {ERT} data inversion in cavity searching : Theoretical and practical applications in archeology : Journal of Applied Geophysics, **89**, no. 0, 35 – 47.

Ozdemir, C., Demirci, S., and Yigit, E., 2012, A review on the migration methods in b-scan ground penetrating radar imaging : Progress In Electromagnetics Research Symposium Proceedings, 789–793.

Paasche, H., Wendrich, A., Tronicke, J., and Trela, C., 2008, Detecting voids in masonry by cooperatively inverting p-wave and georadar traveltimes : Journal of Geophysics and Engineering, **5**, no. 3, 256.

Papadopoulos, N., Tsourlos, P., Tsokas, G., and Sarris, A., 2006, Two-dimensional and three-dimensional resistivity imaging in archaeological site investigation : Archaeological Prospection, **13**, no. 3, 163–181.

Papadopoulos, N., Tsourlos, P., Tsokas, G., and Sarris, A., 2007, Efficient ert measuring and inversion strategies for 3d imaging of buried antiquities : Near Surface Geophysics, **5**, no. 6, 349–361.

Patterson, D., Davey, J. C., Cooper, A. H., and Ferris, J. K., 1995, The application of microgravity geophysics in a phased investigation of dissolution subsidence at Ripon, Yorkshire : Quarterly Journal of Engineering Geology, **28**, 83–94.

Pellerin, L., 2002, Applications of electrical and electromagnetic methods for environmental and geotechnical investigations : Surveys in Geophysics, **23**, no. 2-3, 101–132.

Perez, R., 2005, Contribution à l'analyse théorique et expérimentale de radargrammes gpr. performances des antennes : apports d'une configuration multistatique : Ph.D. thesis, Université de Limoges.

Persico, R., and Soldovieri, F., June 2011, Two-dimensional linear inverse scattering for dielectric and magnetic anomalies : Near Surface Geophysics, **9**, no. 3, 287 – 295.

Pettinelli, E., Cereti, A., Galli, A., and Bella, F., 2002, Time domain reflectometry : Calibration techniques for accurate measurement of the dielectric properties of various materials : Review of Scientific Instruments, **73**, 3553–3562.

Radzevicius, S. J., Guy, E. D., and Daniels, J. J., 2000, Pitfalls in gpr data interpretation : differentiating stratigraphy and buried objects from periodic antenna and target effects : Geophysical Research Letters, **27**, 3393–3396.

Radzevicius, S., 2008, Practical 3-d migration and visualization for accurate imaging of complex geometries with gpr : Journal of Environmental & Engineering Geophysics, **13**, no. 2, 99–112.

Rey, E., Jongmans, D., Gotteland, P., and Garambois, S., 2006, Characterisation of soils with stony inclusions using geoelectrical measurements : Journal of applied geophysics, **58**, no. 3, 188–201.

Richard, B., Yuhr, L., and Kaufmann, R., 2003, Assessing the risk of karst subsidence and collapse : Sinkholes and the Engineering and Environmental Impacts of Karst, 31–39.

Roth, M., Mackey, J., Mackey, C., and Nyquist, J., 2002, A case study of the reliability of multielectrode earth resistivity testing for geotechnical investigations in karst terrains : Engineering Geology, **65**, no. 2, 225–232.

Rucker, D. F., 2011, Inverse upscaling of hydraulic parameters during constant flux infiltration using borehole radar : Advances in Water Resources, **34**, no. 2, 215–226.

Rybakov, M., Rotstein, Y., Shirman, B., and Al-Zoubi, A., 2005, Cave detection near the dead sea—a micromagnetic feasibility study : The Leading Edge, **24**, no. 6, 585–590.

Sabo, S. H., 2008, Evaluation of capacitively-coupled electrical resistivity for locating solution cavities overlain by clay-rich soils : Ph.D. thesis, Bowling Green State University.

Sagnard, F., and Rejiba, F., 2010, Géoradar : Principes et applications : Techniques de l'ingénieur Radiolocalisation, **te5228**.

Saintenoy, A., 1998, Radar géologique : acquisition multi-déports pour une mesure multi-paramètres : Ph.D. thesis, Univ. Paris 7.

Sandmeier, K. J. **Reflexw manual, version 4.5.** www.sandmeier-geo.de, July 2007.

Sato, M., 2009, Principles of mine detection by Ground-penetrating Radar : Springer London.

Silvester, P. P., and Ferrari, R. L., 1996, Finite elements for electrical engineers : Cambridge university press.

Simmons, G., Final report on the surface electrical properties experiment :, Technical report, NASA, 1974.

Slater, L. D., Binley, A., Daily, W., and Johnson, R., 1999, Cross-hole electrical imaging of a controlled saline tracer injection : Journal of Applied Geophysics, **44**, 85–102.

Smith, D. L., 1986, Application of the pole-dipole resistivity technique to the detection of solution cavities beneath highways : Geophysics, **51**, no. 3, 833–837.

Solla, M., Lorenzo, H., Novo, A., and Rial, F., 2010, Ground-penetrating radar assessment of the medieval arch bridge of san antón, galicia, spain : Archaeological prospection, **17**, no. 4, 223–232.

Stern, W., 1929, Versuch einer elektrodynamishen dickenmessung von gleitschereis : Ger. Beitr. zur Geophysik, **23**, 292–333.

Stolt, R., 1978, Migration by fourier transform : Geophysics, **43**, no. 1, 23–48.

Stuart, G., Murray, T., Gamble, N., Hayes, K., and Hodson, H., 2003, Characterization of englacial channels by ground-penetrating radar : An example from Austre Brøgger-breen, Svalbard : Journal of Geophysical Research, **108**, no. B11, 2525–+.

Szalai, S., Szarka, L., Prácser, E., Bosch, F., Müller, I., and Turberg, P., 2002, Geoelectric mapping of near-surface karstic fractures by using null arrays : Geophysics, **67**, no. 6, 1769–1778.

Taflove, A., and Hagness, S. C., 2000, Computational electrodynamics :, volume 160 Artech house Boston.

Taflove, A., 1988, Review of the formulation and applications of the finite-difference time-domain method for numerical modeling of electromagnetic wave interactions with arbitrary structures : Wave Motion, **10**, no. 6, 547–582.

Topp, G. C., Davis, J. L., and Annan, A. P., 1980, Electromagnetic determination of soil water content : measurements in coaxial transmission lines : Water resources research, **16**, 574–582.

Unrau, T., Osinski, G., Pratt, R., and Tiampo, K., 2011, The effect of scattering processes on high frequency ground penetrating radar surveys on impact melt breccia-early results from an arctic field campaign at the haughton impact structure, devon island, canada : Advanced Ground Penetrating Radar (IWAGPR), 2011 6th International Workshop on, 1–6.

van Schoor, M., 2002, Detection of sinkholes using 2d electrical resistivity imaging : Journal of Applied Geophysics, **50**, no. 4, 393–399.

W., B., and Budziszewski, J., 1995, The use of striped flint in prehistory : Archaeologia Polona, pages 71–87.

White, P., 1994, Electrode arrays for measuring groundwater flow direction and velocity : Geophysics, **59**, no. 2, 192–201.

Widess, M., 1973, How thin is a thin bed ? : Geophysics, **38**, no. 6, 1176–1180.

Yee, K. S., 1966, Numerical solution of initial boundary value problems involving maxwell equations in isotropic media : IEEE Transactions on Antennas and Propagation, **14**, no. 3, 302–307.

Zhou, W., Beck, B. F., and Adams, A. L., 2002, Effective electrode array in mapping karst hazards in electrical resistivity tomography : Environmental Geology, **42**, no. 8, 922–928.

Annexe A

Rapport de prospection à l'église Saint-Ours

Albane Saintenoy et Nerouz Boubaki

UMR IDES 8148, CNRS - Université Paris Sud, Faculté des Sciences, Bâtiment 504, 91405 Orsay Cedex

A.1 Introduction

Ludovic Sforza est mort à Loches (Indre-et-Loire) en 1508 après quelques années de détention. Son corps aurait été, dans un premier temps, enseveli près de la Collégiale Saint Ours, à Loches, puis transféré à Milan dans l'église de Santa Maria delle Grazie auprès de celui de Béatrice d'Este, son épouse (source wikipedia). Cependant, il semblerait que les Milanais n'aient pas voulu du corps de celui qu'ils n'ont jamais reconnu comme duc de Milan. Aucune sépulture ne lui est aujourd'hui consacrée. Pour tenter de retrouver des traces de son caveau, une prospection du sol de l'église Saint Ours de la ville de Loches à été effectuée en utilisant un radar de sol de marque RAMAC Malåavec deux paires d'antennes de fréquences différentes, l'une centrée sur 500 MHz et l'autre sur 800 MHz. Il a été acquis 30 radargrammes dont la majorité dans la nef centrale de l'église (Figure A.1).

Ce rapport présente brièvement en première partie quelques simulations numériques sur des exemples simples. Ces simulations permettent de comprendre les interprétations des radargrammes présentés en deuxième partie.

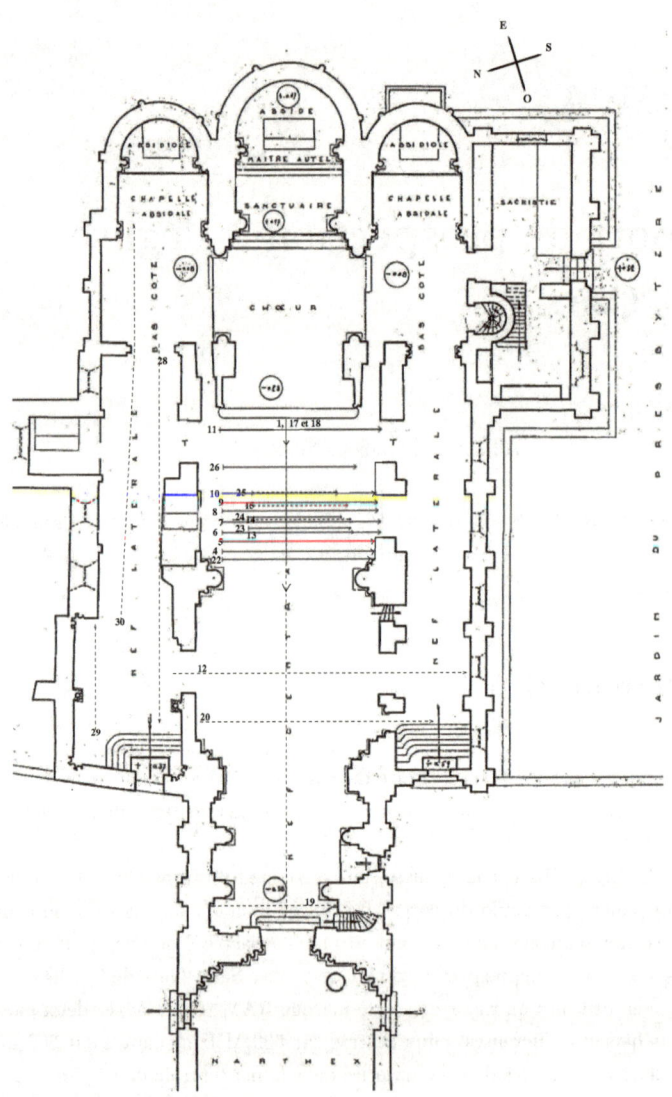

FIGURE A.1: Positionnement des profils radar acquis dans l'église Saint Ours.

A.2   Simulations numériques

Deux simulations numériques ont été effectuées dans le but de pouvoir interpréter les données acquises dans l'église de Loches. La première est pour simuler l'effet des joints entre les dalles de l'allée centrale de l'église. La deuxième simule un radargramme acquis au-dessus d'une cavité de section rectangulaire. Le programme de modélisation utilisé est GprMax2D disponible sur http ://www.gprmax.org/.

Le modèle de la Figure A.2 suppose une juxtaposition de trois dalles de 15 cm d'épaisseur au dessus d'un milieu calcaire plus humide (i. e. plus lent pour les ondes électromagnétiques que les dalles). Entre les dalles, deux joints de 2 cm ont été simulés par deux rectangles présentant les propriétés électromagnétiques d'un matériel plus humide que celui des dalles et plus électriquement conducteur. Le radargramme simulé correspondant à une acquisition de trace tous les 5 cm, à la surface des dalles, est présenté Figure A.2. Ce radargramme synthétique met en évidence le fort signal hyperbolique induit par la présence des joints entre les dalles formant l'allée centrale de l'église.

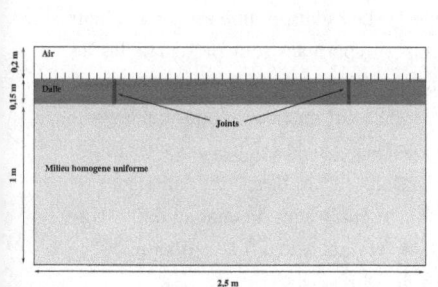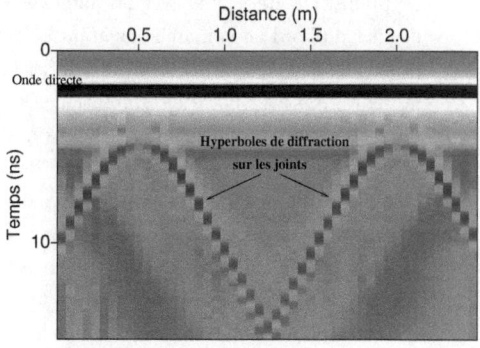

FIGURE A.2: Simulation numérique (signal centré sur 800 MHz) présentant un radargramme obtenu au dessus de dalles de 15 cm d'épaisseur, avec des joints humides et légèrement plus conducteurs, au dessus d'un milieu homogène uniforme.

Le modèle de la Figure A.3 suppose une cavité de 70 cm de large et 50 cm de profondeur, sous une dalle de 1,5 m de large et 15 cm d'épaisseur. Le radargramme synthétique obtenu avec un tel modèle est présenté à droite de la Figure A.3. Il donne les ordres de grandeurs des temps d'arrivées des réflections attendues sur les bords de la cavité. Il montre aussi la présence d'hyperboles diffractées par les coins de la cavité et les échos multiples présents après les deux premières réflections.

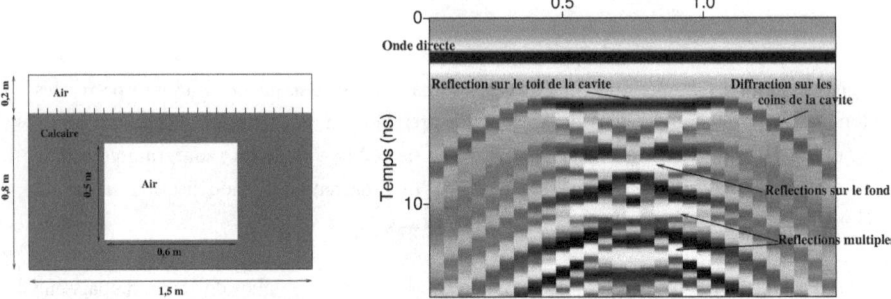

FIGURE A.3: Simulation numérique présentant un radargramme obtenu au dessus d'une cavité sous une dalle de 15 cm d'épaisseur.

A.3 Données et interprétations

A.3.1 Profils longitudinaux

Le profil 17 a été acquis avec les antennes 800 MHz, le long de l'allée dallée centrale de l'église, du bord de la marche montant au choeur (notre point zéro) vers la porte d'entrée principale de l'église (globalement de l'Est vers l'Ouest). Le radargramme est présenté sur la Figure A.4 avec notre interprétation. De nombreuses hyperboles sont présentes dès les temps d'arrivée les plus courts. D'après nos simulations (Figure A.2), il s'agit seulement des diffractions du signal électromagnétique sur chaque joint entre les dalles qui pavent l'allée centrale de l'église. Les différences de propriétés électromagnétiques entre les dalles et le milieu sous-jacent sont importantes car les réflections sur les bases des dalles sont de forte amplitude. On suit très facilement les variations d'épaisseurs de chaque dalle. Une analyse de la forme des hyperboles donne une vitesse variant entre 0,1 et 0,12 m/ns ce qui correspond à une épaisseur maximale des dalles de 18 cm.

Sur ce profil, il est difficile de faire ressortir un signal provenant d'interfaces plus profondes. Cependant, entre 4 et 6 m de distance par rapport au début du profil, nous observons une zone avec plus d'énergie pour des temps d'arrivée des ondes postérieurs à 6 ns. Ceci pourrait être du à des joints un peu plus larges, ou de fabrication différente, ou des réflections sur des gravats présents sous les dalles. Le signal électromagnétique est trop atténué pour pouvoir déterminer plus précisément la cause de ce retour d'énergie. Des zones similaires sont observées à 19 m, 22 m et 25 m du point zéro.

La Figure A.5 montre le profil acquis le long de l'allée centrale avec des antennes 500 MHz. En utilisant des antennes plus basses fréquences, nous perdons de la résolution dans le proche sous-sol. Les ondes réfléchies sur les bases des dalles sont à peine distinctes des

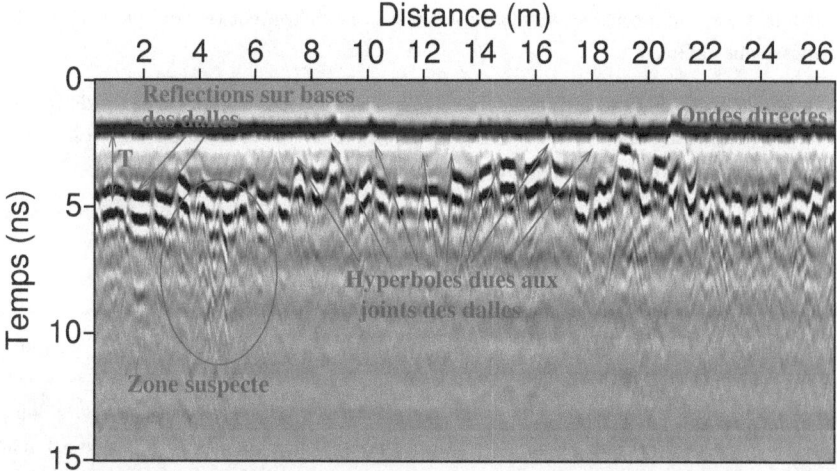

FIGURE A.4: Radargramme du profil 17, acquis le long de l'allée centrale avec des antennes 800 MHz. T est le temps aller et retour de l'onde émise par l'antenne source qui se réfléchie sur la base de la deuxième dalle en partant de la marche d'accès au choeur de l'église.

ondes directes entre les antennes source et réceptrice. Par contre, des réflections apparaissent aux zones suspectes, entourées de rouge sur les radargrammes.

A.3.2 Profils transversaux

Plusieurs profils transversaux ont été acquis comme indiqués sur le schéma général A.1. La Figure A.7 présente 8 radargrammes acquis perpendiculairement du nord vers le sud, de plus en plus près du choeur. La distance à laquelle ils croisent les profils 17 et 18 est indiquée entre parenthèse en haut à gauche de chaque profil. L'échelle de profondeur est indicative, supposant un milieu homogène de vitesse 0,12 m/ns pour l'onde électromagnétique. Les signaux que l'on suppose pouvoir relier entre eux sont surlignés de la même couleur. Les réflecteurs bleus et jaunes pourraient signifier la présence d'anciennes fondations parallèles à l'allée centrale, de chaque coté. Sur le profil 11, acquis le plus proche du choeur, un réflecteur surligné en vert, plus ou moins horizontal, est présent, au nord de l'allée centrale. Il faudrait acquérir d'autres radargrammes dans le choeur de l'église pour pouvoir comprendre la cause de cette réflection.

Le profil 7 est particulièrement intéressant avec un réflecteur surligné en rose que l'on peut attribuer peut-être à un vide sous la dalle de l'allée centrale. La cavité ferait alors 1 m de profondeur (la vitesse d'une onde électromagnétique est de 0,3 m/ns dans l'air).

Cependant les deux profils adjacents, profils 6 et 8, ne présentent rien qui permettrait de supposer une cavité.

Le profil 12 de la Figure A.6 montre de nombreuses réflections aux passages de la nef centrale vers les nefs latérales. Ces réflections sont peut-être causées par des restes des murs qui fermaient la nef centrale précédemment.

A.4   Discussion et conclusions

Les signaux hyperboliques des joints entre les dalles sont très visibles, en utilisant les antennes 500 MHz et 800 MHz. Les profils acquis le long de l'allée centrale (profils 17 et 18) ne montrent pas clairement de réflecteurs interprétables comme venant d'une cavité dans le proche sous-sol. Par contre un profil acquis transversalement à l'allée centrale, à 5,4 m à l'ouest de la marche montant au choeur (environ sous la 7ème dalle), s'interprète comme une cavité directement sous la dalle, de 1 m de profondeur. Le manque de continuité de ce réflecteur avec les profils adjacents s'explique si la cavité en question a été partiellement comblée. Il serait intéressant de soulever la 7ème dalle à l'ouest de la marche montant au choeur pour confronter notre interprétation avec la réalité, ainsi que les dalles adjacentes. Une fouille jusqu'à 1 m de profondeur, 1 m au sud de l'allée centrale permettrait de détecter la cause du réflecteur surligné en jaune sur les profils transversaux (Figure A.7).

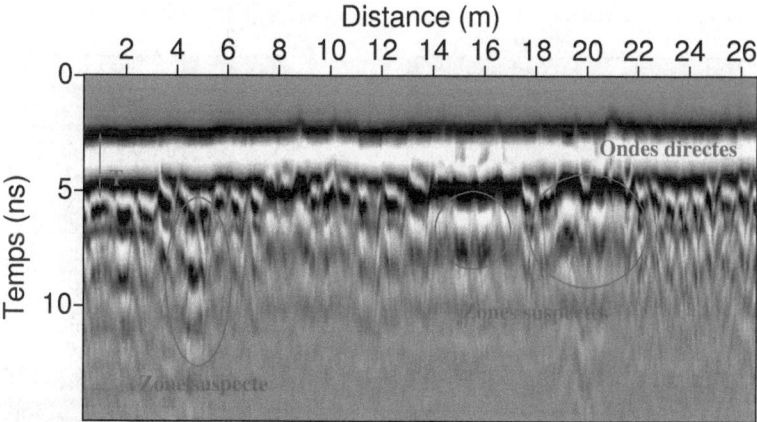

FIGURE A.5: Radargramme du profil 18, acquis le long de l'allée centrale avec des antennes 500 MHz. T est indiqué pour comparer avec le profil à 800 MHz de la Figure A.4.

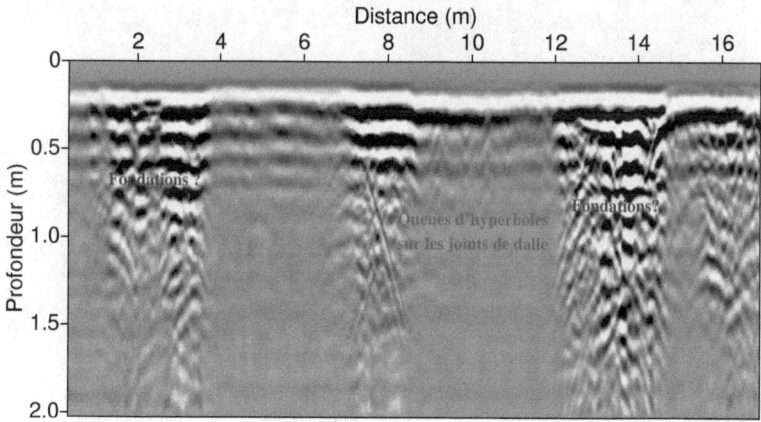

FIGURE A.6: Radargramme acquis le long du profil 12 (500 MHz).

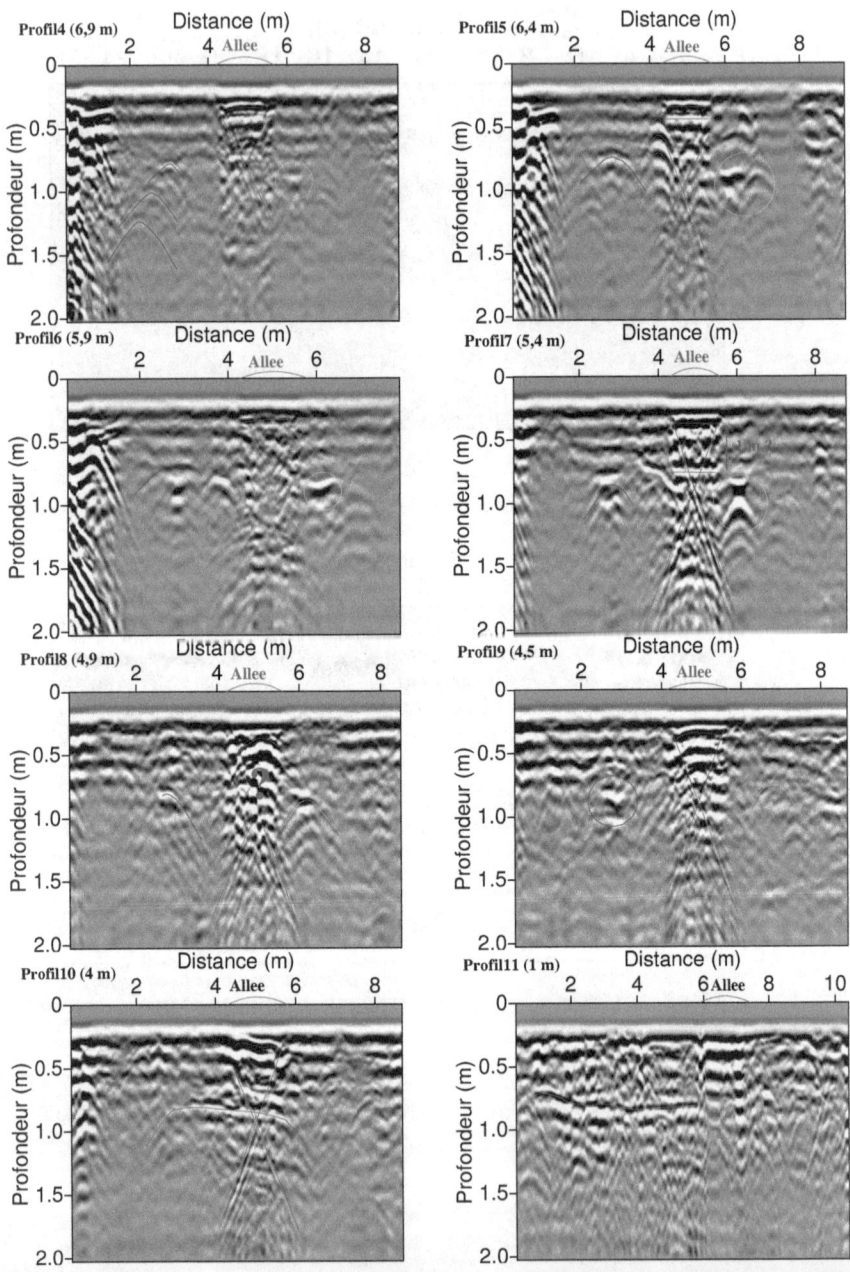

FIGURE A.7: Radargrammes transversaux avec les antennes 500 MHz.

Annexe B

Rapport de prospection à Louville-la-Chenard

Albane Saintenoy, Nerouz Boubaki et Piotr Tucholka

UMR IDES 8148, CNRS - Université Paris Sud, Faculté des Sciences, Bâtiment 504,
91405 Orsay Cedex

B.1 Introduction

Une prospection du sol de l'église de Louville-la-Chenard (28150) a été effectuée en utilisant un radar de sol avec une paires d'antennes 250 MHz. Il a été acquis une cinquantaine de radargrammes (Figure B.1). Les radargrammes acquis en extérieur ne présentent pas d'intérêt à cause d'un sol trop atténuant pour les ondes électromagnétiques. Ce rapport présente brièvement, en première partie, quelques simulations numériques sur des exemples simples. Ces simulations permettent de comprendre les interprétations des radargrammes présentés en deuxième partie.

B.2 Simulations numériques

Deux simulations numériques ont été effectuées dans le but de pouvoir interpréter les données acquises dans l'église de Louville. Le calcul permet de simuler un radargramme acquis au-dessus d'une cavité de section rectangulaire, puis un deuxième radargramme au-dessus d'une cavité à toit voûté. Le programme de modélisation utilisé est GprMax2D disponible sur http ://www.gprmax.org/.

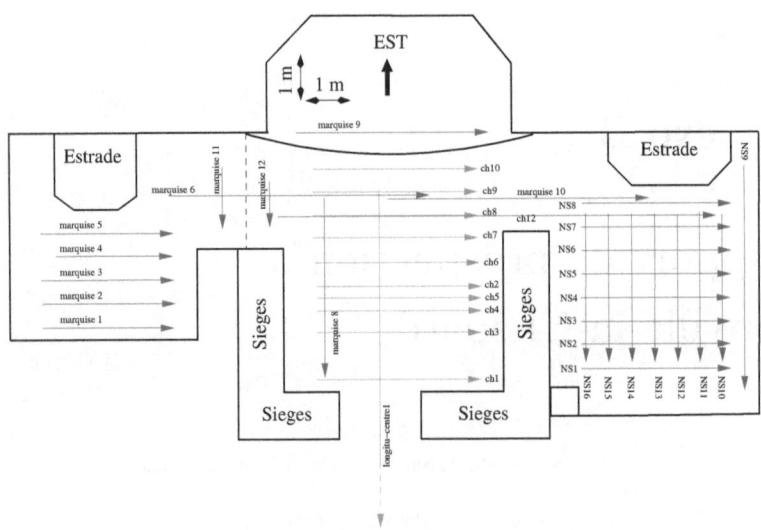

FIGURE B.1: Positionnement des profils radar acquis dans l'église de Louville-la-Chenard. Le plan reste approximatif par manque de côtes (notamment dans la chapelle Sud).

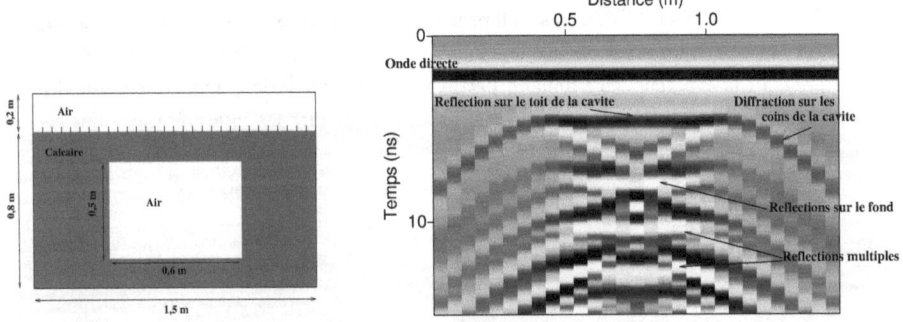

FIGURE B.2: Simulation numérique (signal centré sur 200 MHz) présentant un radargramme obtenu au-dessus d'une cavité de plafond à 15 cm de la surface.

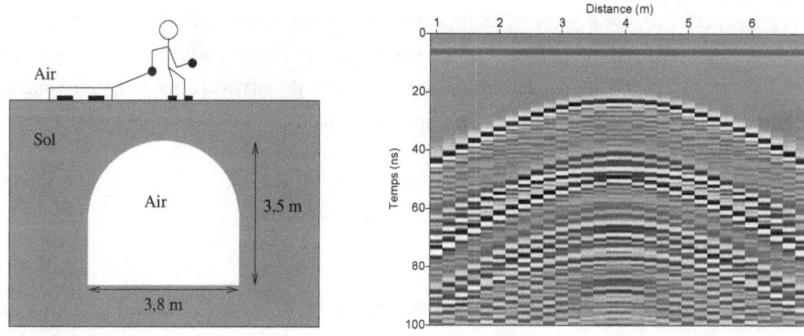

FIGURE B.3: Simulation numérique présentant un radargramme obtenu au dessus d'une cavité avec un toit voûté.

Le modèle de la Figure B.2 suppose une cavité de 60 cm de large et 50 cm de profondeur, dans un sol de 1,5 m de large et 15 cm d'épaisseur au-dessus du toit de la cavité. Le radargramme synthétique obtenu avec un tel modèle est présenté à droite de la Figure B.2. Il donne les ordres de grandeurs des temps d'arrivées des réflections attendues sur les bords de la cavité. Il montre aussi la présence d'hyperboles diffractées par les coins de la cavité et les échos multiples présents après les deux premières réflections. Ces échos deviendraient beaucoup moins visibles dans le cas d'un sol beaucoup plus atténuant.

Les résultats de la deuxième simulation sont présentés sur la Fig B.3. À droite sont les données que l'on devraient enregistrer au-dessus d'une cavité avec un toit voûté comme le modèle décrit à gauche. La réflexion sur le toit voûté de la cavité est proche d'une hyperbole, sans rupture de pente comme lors d'un toit plat (voir Fig. B.2). Nous observons aussi de nombreuses réflexions multiples car le sol est supposé dans notre calcul comme non atténuant (ce n'est pas le cas dans la réalité).

B.3 Données et interprétations

Seuls les profils apportant des informations sur des objets intéressants dans le sous-sol de l'église ont été inclus dans ce rapport.

B.3.1 Chapelle Nord dite "de la Marquise"

Les 5 profils acquis en travers de la chapelle dite "de la Marquise" sont représentés sur la Fig. B.4. On y voit clairement une réflexion sur le toit voûté du caveau. Une vitesse de 0.12 m/ns (+/- 0.01 m/ns) pour la propagation de l'onde électromagnétique dans le sol de l'église a été estimée à partir d'adaptation d'hyperboles. En utilisant cette vitesse, on trouve une épaisseur de sol au-dessus du caveau d'environ 25 cm. La vitesse de propagation dans l'air étant de 0.3 m/ns, on trouve une hauteur de cavité (à sa position centrale maximum) d'environ 3.2 m. Nous avons mesuré 3.23 m lors de notre descente dans ce caveau en fin d'après midi !

B.3.2   Croisée du transept

Dans la partie centrale du transept, les Fig. B.5 et B.6 montrent 4 profils acquis qui mettent en évidence un deuxième caveau. Son toit est au plus proche à 45 cm de profondeur et le caveau a une hauteur sous clé de voûte d'environ 2.4 m. Les dimensions latérales sont estimées à environ 3.3 m de large pour une longueur comprise entre 1.7 m et 2.3 m. Le profil marquise11, inclus en bas de la Fig. B.5, ne nous permet pas de déceler un quelconque passage entre le caveau de la Marquise et ce caveau.

B.3.3   Chapelle Sud

La Fig. B.7 montre 4 profils acquis dans la chapelle sud de l'église. Ils permettent d'affirmer qu'il n'y a pas de cavité dans cette partie de l'église.

Marquise1 :

Marquise2 :

Marquise3 :

Marquise4 :

Marquise5 :

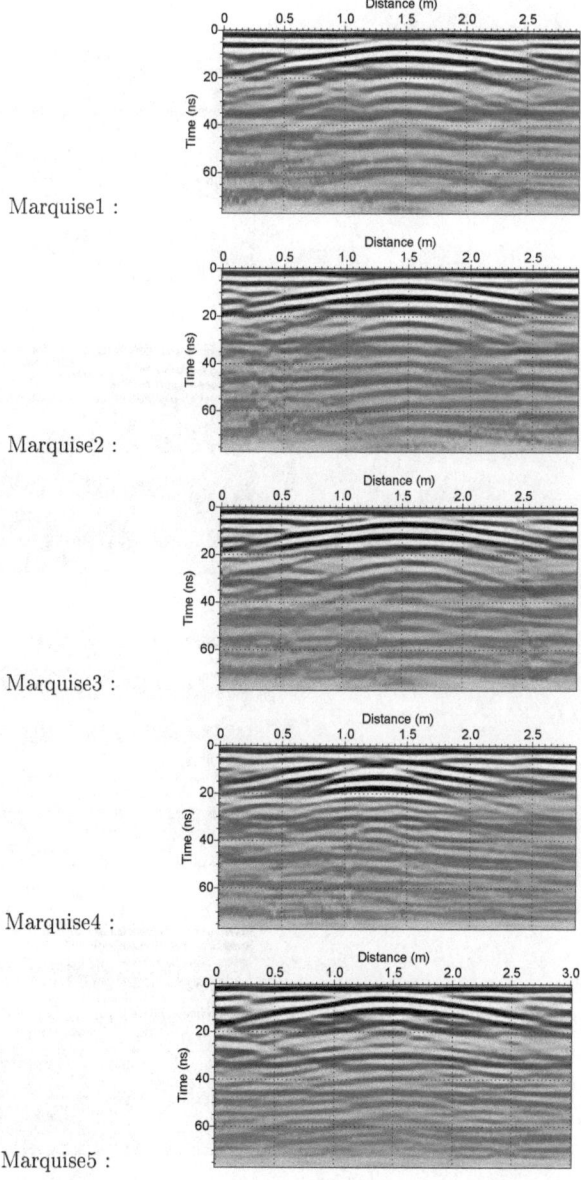

FIGURE B.4: Les 5 profils acquis dans la chapelle de la Marquise. On y observe clairement une réflexion sur le toit vouté du caveau et une autre sur le sol. La différence entre les profils provient de leur position par rapport aux cercueils et à l'entrée du caveau.

Marquise6 :

Marquise8 :

ch12 :

Marquise11 :

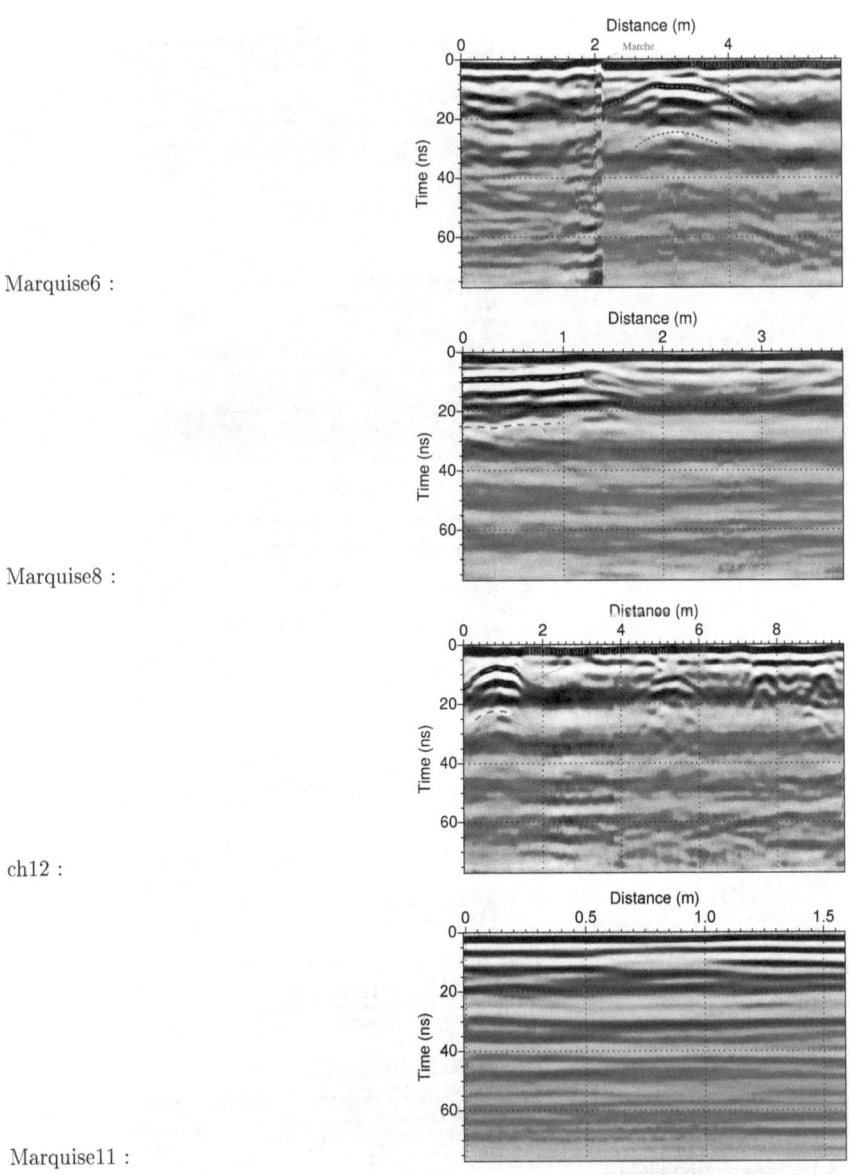

FIGURE B.5: Mise en évidence d'un caveau au Nord-Est de la nef centrale. Le profil marquise11 ne permet pas de déceler de communication entre le caveau sous la chapelle de la Marquise et le caveau de la nef centrale.

ch7 :

ch8 :

ch9 :

ch10 :

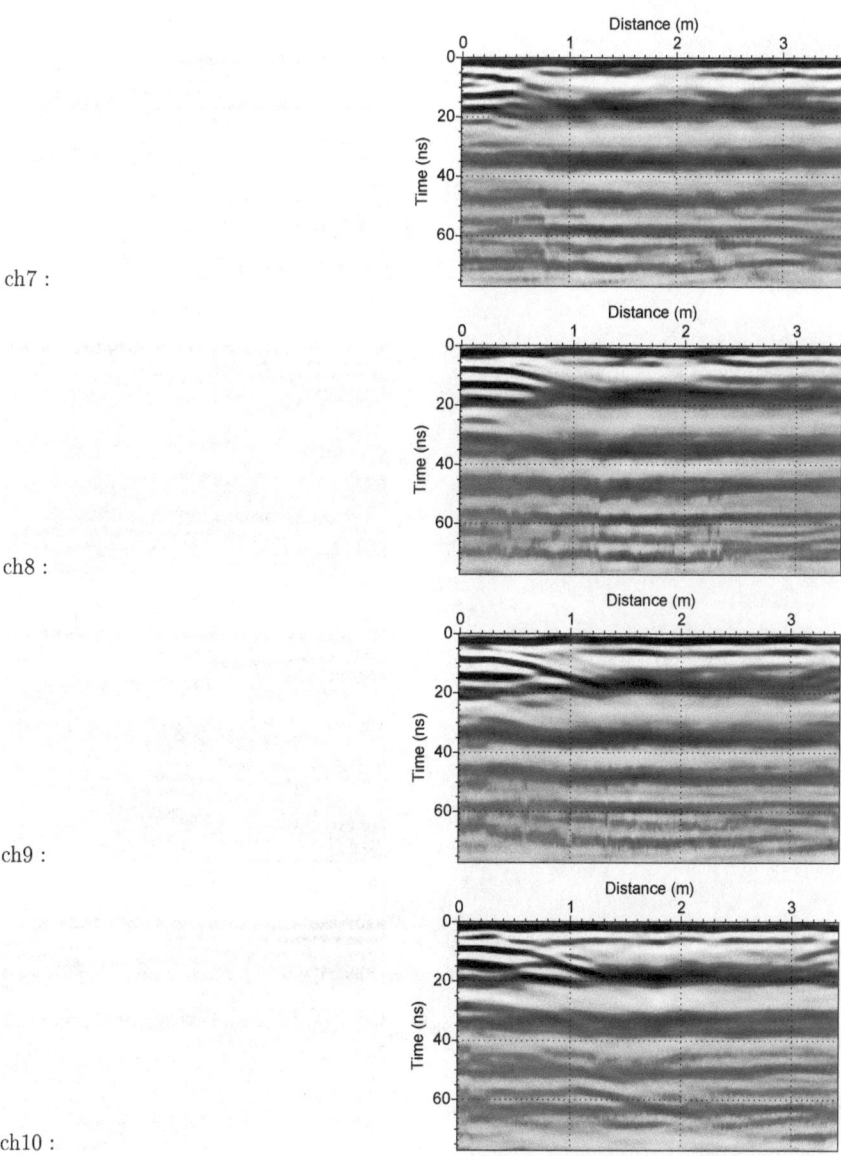

FIGURE B.6: Confirmation de l'existence d'un caveau au Nord-Est de la nef centrale. Des réflexions claires sur le toit et le fond de la cavité sont visibles en chaque début de profil.

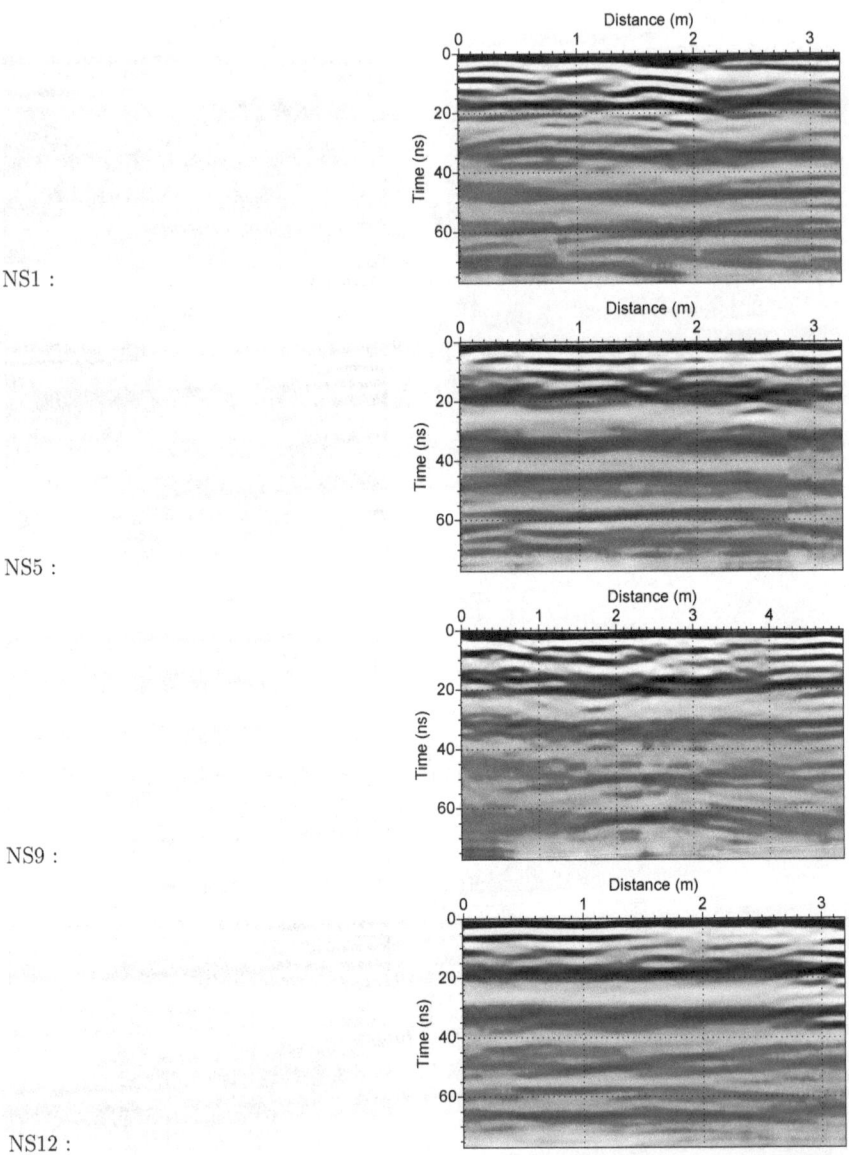

NS1 :

NS5 :

NS9 :

NS12 :

FIGURE B.7: Sélection de profils acquis dans la chapelle sud. On n'y décèle aucune réflexion marquante.

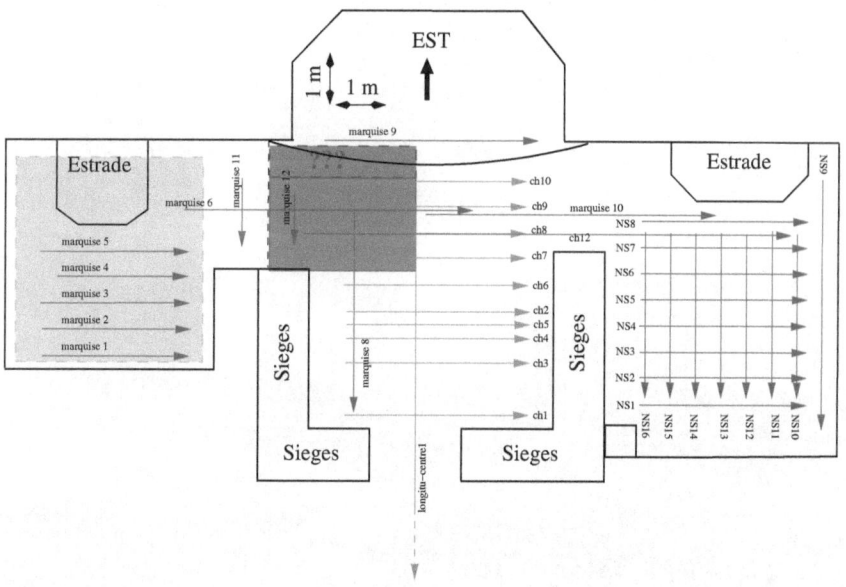

FIGURE B.8: Positionnement des deux caveaux dans la partie Est de l'église. En jaune : le caveau de la Marquise, en saumon, la cavité à toit voûté trouvée lors de notre prospection, en rose, l'incertitude sur la limite Est de cette deuxième cavité.

B.4 Discussion et conclusions

Nos mesures ont permis de confirmer la présence d'un caveau sous la chapelle de la Marquise et d'en déceler un deuxième, adjacent, dans la croisée du transept de l'église. Leurs dispositions ont été représentées sur le plan de la Fig. B.8. Aucune autre cavité n'a pu être mise en évidence avec notre radar de sol dans le transept de l'église de Louville-la-Chenard.

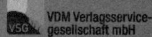

Zeitfracht Medien GmbH
Ferdinand-Jühlke-Straße 7
99095 Erfurt, Deutschland
produktsicherheit@kolibri360.de

Druck:
CPI Druckdienstleistungen GmbH
im Auftrag der
Zeitfracht Medien GmbH
Ein Unternehmen der Zeitfracht - Gruppe
Ferdinand-Jühlke-Str. 7
99095 Erfurt